Animal Management II

アニマル マネジメントⅡ

増補改訂版

管理者のための 実験動物福祉実践マニュアル

大和田一雄　監修

笠井　一弘　著

アドスリー

—・増補改訂版 はじめに・—

基本指針、ガイドラインが示されてから早12年になろうとしている。

国内外の状況は、3Rs実施は当たり前となり、研究機関の動物実験実施における「説明責任」が強く求められるようになってきている。本書「アニマルマネジメントⅡ 増補改訂版」は、これらの状況を踏まえ、法令等・基本指針・学術会議ガイドラインに沿った適正な動物実験実施を考慮した内容として「アニマルマネジメントⅡ」を改訂したものである。

全般的内容は、「説明責任」を意識して見直した。

第1部では、機関内規程運用経験を踏まえ、規程の作成、改定に当たっての留意点を示した。

第2部では、研究機関における動物実験の実施手順、各機関でバラツキの多い動物実験審査について、および充実が遅れている教育訓練について述べた。またここでは、苦痛の評価と人道的エンドポイントの適用についての考え方も示した。一方、自己点検評価表も運用結果を踏まえて改定を加えチェックリストを示した。この様式を各研究施設の状況に合わせて編集し、自己点検を効果的に実施することを目指している。これにより、動物実験体制と機能に「説明責任」が十分でない点を見つけ・改善することができるものと考える。

第3部では、動愛法で示されている"習性を考慮した実験動物の適正な取扱い、動物の健康保持実施"および、動物実験実施に当たって、実験実施者・飼育管理技術者が直面する動物の症状観察について触れた。

本書に参考例として収載したチェックリスト、表、様式は、既存のものを筆者の収集した情報と経験に基づき、加工・作成したものである。これらの様式等は、それぞれの機関の状況に合わせて検討、作成すべきものである。

自己点検評価の結果、動物実験が法規などへ準拠して行われていること、さらに、科学性はもとより動物福祉が実践されていることを記録等で証明できれば、外部検証あるいは認証取得へ、あるいは法令等で求められている情報公開へとつながると考える。本書の内容が適正な動物実験実施に役立てば幸いである。

本書の企画に当たりご尽力いただいた（株）アドスリー横田節子社長、および編集作業に当たっていただいた石井宏幸さん、三浦由利恵さんに深謝いたします。

2018年6月

笠井　一弘

目次

第 1 部

動物実験に関する機関内規程の作成・改定

- ●機関内規程は適正な動物実験実施を内外に示すよりどころ！
- ●規程には何を書く？
- ●どう使う？

1. 機関内規程等作成に当たっての基本的考え方

（機関内規程（例）と動物実験委員会規定（例）は p.25 〜 32 参照）

（1）規程の必要性

　動物実験実施機関の長は、動物実験施設および動物実験の実施状況を考慮しつつ、機関管理体制を確立しなければならない。

　厚生労働省の動物実験に関する基本指針第 2 の 8 においては情報公開資料の 1 つとして機関内規程を挙げている（文科、農水の基本指針も同様）。機関内の（親）規程の策定に当たっては、情報公開を意識し必要事項を網羅する。就業規程と同様に本規程の順守は、社（職）員の義務である。

　機関内規程の内容は、基本指針の内容と整合性をとると、指針に準拠していることの説明が明確になる。

1）動物実験に関する機関内規程の名称および機関の長

　　動物実験実施機関によっては規程／原則／要綱／要領／心得と呼ぶ場合もある。指針でもよいが、厚労省の基本指針と混同しないように指針以外の用語を用いたい。

　　実施機関の長は、当該研究機関で定めた機関の長の職名（社長、研究本部長、研究所長あるいは学長、理事長）に置き換えて文を作成する。企業以外の場合は、研究機関の状況に合わせて設定する。なお、代行者を設置する場合は、書面により代行者名と権限委譲する責務を明確にしておく。

2）動物実験に関する機関内規程等

　　機関によっては、動物実験施設、研究所が複数ある場合もあるが、会社規程としての親規程を共通とし、会社の動物実験に対する基本理念を示す。子・孫規定は研究所ごとの特質を反映させて作成してもよい。

3）機関内規程運用

　　運用は子規定（動物実験委員会規定等）およびマニュアル（実験計画書審査マニュアル等）、孫規定としての SOP（実験動物の飼育管理、施設の運営、実験操作、教育訓練、自主点検および評価などについて）を別途用意して運用する。このように親規程、子規定、孫規定等で運用するのが、状況に応じた改正やその手続きを考えれば有利である。

（2）規程本文の作成法

　以下は、本書を参考にして規程を作成する場合について述べたものである。

- 1）次ページ（1）目的［説明］以降を読んで、機関内規程の必要性を理解する。
- 2）規程原案に会社名（大学／研究機関名）や実験動物体制組織上の職名等を記載する。
- 3）会社あるいは研究機関独自の事情を規程原案に反映する。
- 4）文体、文字フォントをそろえる。
- 5）機関の長の確認を受け、社内規程としての発行または改定手続きを取る。
- 6）動物実験関係者に内容を周知し、必要な子規定等の作成または改定を行う。

用語

- 1．動物実験を行う組織体（機関）は企業、大学、公的研究機関などがあるが、本書第１部では企業の例として雛形を作成しているので、企業以外の機関では作成に当たって当該の機関名に修正するなどの変更をする。
- 2．動物実験規程は、機関によっては原則／要綱／心得と呼ぶ場合もある。指針でもよいが、省庁の基本指針と区別するために別の用語を用いた。
- 3．機関等の長は、当該研究機関で定めた機関の長の職名（学長／校長／理事長／社長および機関の長から書面により権限委譲された本部長／機関の長などの管理職）に置き換えて条文を作成する。

2. 動物実験に関する機関内規程

(1) 機関内規程の目的：［説明］（図 1-1）

　ここでは、動物実験を機関管理して実施するためのよりどころとなる機関内規程策定に当たり、遵守すべき関連法令を明確にする。

※日本実験動物学会の外部検証を受ける場合は、文科省の基本指針名に、（公社）日本実験動物協会の場合は、農水省の基本指針名に置き換える。

　機関内規程は、法令等との文言の整合性が必須である。

　また、目的の項には関連法令として「殺処分に関する指針」を入れる場合もある。

　機関長の責務は、厚労省の基本指針がまとまっているので、利用しやすい。

国内動向

動物の愛護及び保管に関する法律 2013年改

❷❹　　　　　　**❺**

第2条
基本原則

1. みだりに殺し・傷つけ・苦しめない。習性を考慮して取扱わなければならない。

　　　　　　　　　　　　　　❶　　　**❸**
2. 目的の達成に支障のない範囲で、**適切な給餌・給水、健康管理、動物種・習性を考慮した環境の確保を行わなければならない**

5Freedom
（動物福祉原則）

❶ 飢えおよび渇きからの開放
❷ 肉体的不快感および苦痛からの開放
❸ 障害および疾病からの開放
❹ 恐怖および精神的苦痛からの開放
❺ 本来の行動様式に従う自由
実験等の本来の目的以外で
　　5項目が損なわれないように配慮すべきである。

第41条
科学上の利用
（動物実験）に
供する動物の取扱い

1. できるだけ動物を供する方法に代わりうるものを利用すること、できるだけ動物数を少なくすることに配慮するものとする。
2. 利用に必要な限度においてできるだけの苦痛軽減処置をしなければならない。
3. 科学上の利用後回復の見込みがない動物は、できるだけ苦痛のない方法で処分しなければならない。

図 1-1　法律（抜粋）と説明責任

　できるだけ配慮⇒配慮義務

　できるだけしなければならない⇒努力義務

　どちらも実行しなければ義務を果たしたことにならない。証拠をもって示すことが「説明責任」

(2) 機関内規程作成の基本理念：[説明]（図 1-2）

　動物実験を何のために行うか明確にする。また、動愛法 41 条に盛り込まれた、動物実験の基本的精神である 3Rs、すなわち、代替試験法の採用（Replacement）、それらができない場合は、使用する動物数の削減（Reduction）、苦痛の軽減（Refinement：洗練）を明確に表現する。また、動物実験にかかわる者の責任についても記載する。配慮義務、努力義務は、罰則は伴わないが実施したことを証明（記録で説明）できなければ実施したことにならないので注意する。飼育管理に携わる実験動物技術者も職務内容が実験データの科学性、動物福祉に深くかかわる点で、動物実験のパートナーとしての実験実施者といえる。

国内動向	実験動物の飼養及び保管並びに苦痛軽減に関する基準	
2006改、2013改		2017.11月 解説書発刊
第1 一般原則	1　動物実験は必要不可欠が基本的考え方 　**3Rの明確化と責任** 3　委員会の設置、指針の策定、基準周知、体制整備 4　**（自己）点検／公表／外部機関の検証**	▶ 配慮すること※1 ▶ 努めること※2
第2定義	（3）適用：哺乳類、鳥類、爬虫類　　（4）実験動物管理者	
第3 共通基準	1　**動物の健康及び安全の保持** 　　　生理、生態、習性に応じ、 2　生活環境の保全 3　危害防止、施設の構造、教育訓練 4　人と動物の共通伝染病の知識習得 5　動物の記録管理 6　動物の輸送	※2 確保すること 講じること ▶ 行うこと 維持すること 果たすこと
第4 個別基準	1　実験を行う施設 2　実験動物を生産する施設　　**繁殖開始/終了** 　　　　　　　　　　　　　　　　**繁殖効率、動物情報**	

図 1-2　基準（抜粋）

　基準においても、配慮義務（※ 1）と努力義務（※ 2）があることがわかる。

(3) 適用範囲：[説明]

　外部に委託または外部機関と共同研究する動物実験計画がある場合も、自社の責任下の動物実験として適用範囲に加える（厚労省の動物実験に関する基本指針第7参照）。

　社外での動物実験状況の確認に関しては別に定める。確認した事項は、書面で残すことが必要である。対象動物種は、「基準」に定義された動物種であるが、魚類、両生類も含め「脊椎動物」としてもよい。

(4) 定義：[説明]

　基本指針の定義の項を参照し、必要に応じ定義の項目を加え、本規程の中の用語を定義付ける。定義には、機関の長および動物実験責任者、実験動物管理者は必須とする。

　基本指針の定義では、実験動物管理者は記載がないが、「基準」では記載されているので機関内規程には加える。

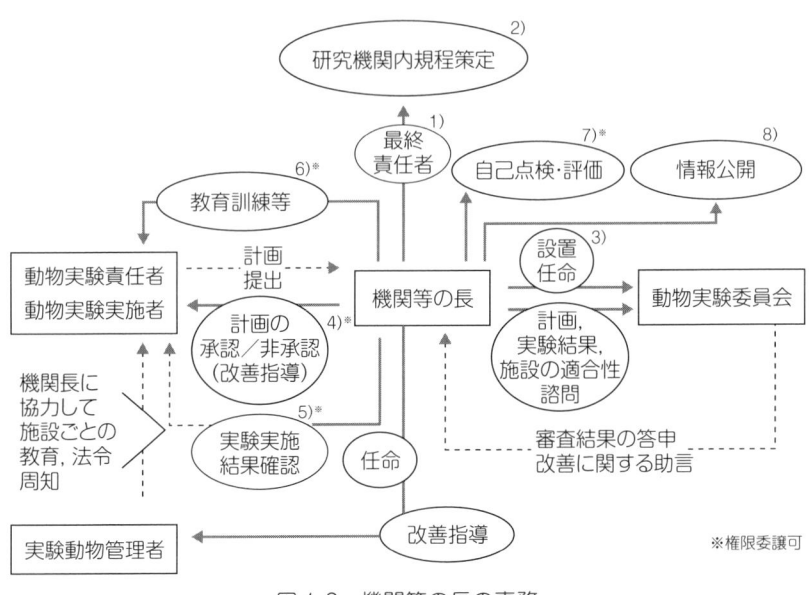

図 1-3　機関等の長の責務

(5) 機関の長の責務

(5)-1　最終責任［説明］

　機関の長の責務を明確に述べる。機関の長が、動物実験に関し、最終責任を有することを明記する。機関の長は、実験動物施設を円滑に管理・運営するための社内組織の設置、スタッフ確保、動物実験施設利用規則の制定等についての権限を持った立場の人である必要がある。したがって企業では社長、研究所長、事業所長などが、機関の長である場合が多い。実際の運営に当たっては、機関の長から書面にて任命された機関の長代行者が、動物実験に関する機関の長の責務の一部を行うのが体制の運用上有効である。その場合、書面による任命書で動物実験実施にかかわる権限委譲内容も明確にしておく。(5)-1～3の責務は、権限委譲できないものとする。

　規程の添付資料として、会社の組織図とは別に動物実験体制の組織図を作成する。

　※文科省の基本指針では機関長の責務が分散されて記載されている。運用上は、集約しておくと機関の長の責務が明確になると考えられる。

(5)-2　機関内規程策定［説明］

　機関の長は、動物実験の実施・施設等の整備および管理の方法と動物実験等の具体的実施方法等を定めた規程（親規程）を策定する。規程を運用するための子規定（動物実験委員会規定）他、孫規定（計画書審査手順書）などは別途作成する。

(5)-3　動物実験委員会の設置［説明］

　機関の長は、動物実験の機関管理を実施するために「動物実験委員会／動物実験福祉委員会／動物実験倫理委員会／動物実験審査委員会」（名称は機関で異なる）を設置する。設置者である機関の長は、委員会委員長にはなれないことに注意！

　動物実験委員会は、動物実験計画書の内容を科学性はもとより動物福祉の観点から審査・指導する任務を持つ、委員会運営に関する事項（委員会規定、審査承認マニュアル等）は子規定／孫規定として、別に作成する。

(5)-4　動物実験計画の承認または非承認［説明］

　（機関の長の職名）は、動物実験責任者に3項の適用範囲で定める動物

の購入に先立ち「動物実験計画書」を提出させる。（機関の長の職名）は、実験計画書の審査を動物実験委員会に諮問する。委員会は審査結果を答申し、（機関の長の職名）は実験計画の承認・非承認をする。「動物実験計画書審査」に関する事項は別に定める。実験目的で購入する実験動物は、（機関の長の職名）の承認が得られた実験計画の動物に限られる（注意：承認前発注はできない）。

　「動物実験計画書」には実験責任者、実験担当者、実験等の目的および意義（動物実験の Benefit）、3Rs、苦痛度の評価、苦痛の軽減、人道的エンドポイント、実験終了後の処置等を明記しなければならない。動物実験承認方法は各社で異なるが、事前承認の原則は崩さない。事前承認の徹底には、動物実験委員会における審査のスピード化への取り組みおよび、できるだけ早い計画書提出への指導が重要である。

(5)-5　動物実験計画の実施結果の把握［説明］

　（機関の長の職名）は、動物実験終了後実験責任者に動物実験の実施報告書（動物実験終了報告書）を提出させ、実験履行結果を把握する。また、動物実験委員会の助言を尊重し、動物実験責任者に必要な改善を指示する。動物実験終了報告書には、動物購入数と実験に使用した動物数が明確にわかるようにするとともに、実験処置の変更、実験中起きた予期しない苦痛の症状と対応、実験結果の活用などについて記載する。動物実験委員会事務局は動物実験終了後速やかに「動物実験終了報告書」を提出するよう促し、実験計画書の内容との整合性のチェックを行う。

　そのためには、動物実験承認後に動物実験委員会が適宜行う実験実施状況の調査（Post Approval Monitoring：PAM）、動物飼育管理状況の記録、施設環境管理状況の記録、実験記録等の調査の記録とチェックシートが適正な実験実施の証拠となる。

　国内外で、動物実験における 3Rs の実践はもはや当たり前で、実験の「説明責任」が求められるように変化してきていることを動物実験責任者と動物実験委員会は自覚する必要がある。

　また、実験動物の飼育（ケア：Care）には、飼育管理、健康管理等の管理要素に実験動物に対する“思いやり”がプラスされたものであるということを意識することによって、動物実験計画の福祉面の向上につながると考える。

(5)-6　教育訓練の実施［説明］

　実験動物の飼育管理者および動物実験実施者は、事前に動物福祉に関する教育と動物施設利用のための教育を受なければ、実験動物の飼育管理および動物実験ができないような仕組みとする。全体教育は社内外の実験動物あるいは動物実験に精通した有識者による研修会などが一般的である。また、全体教育を開催した際は、必ず参加者名簿を作成し残しておく。教育訓練の一環として動物慰霊祭開催を盛り込むことも考えられる。

　受講者の登録は、動物実験実施者が動物施設利用のため教育を受けたことを確認するためのものである。必ずしも登録を必須とするものではないが、動物施設の入退管理を行う場合は施設利用者の資格として登録する事例が多い。実際の動物実験場面では教育訓練の不足例も見られるので、機関の長は、責務としての教育訓練プログラムの作成と報告を委員会に指示する。　実験実施者に対しては、Refinement 実施の観点から実験実施に当たって必要な技能の教育訓練を実施させ、各個人の記録として保存する。

(5)-7　自己点検・評価［説明］

　自己点検・評価の目的は、動物実験が適正に行われたことの内部検証に当たる。厚労省の基本指針第2の7に述べられた自己点検評価の記述を受けて行うものであり、通常年一回行う。自己点検は、評価資料を明確にすることでその評価レベルを高めることができる。自己点検・評価は、外部検証機関による認証調査の際には、「実施済」が必要条件となっている。

　また、実験実施機関の危機管理の面でも必須である。

(5)-8　情報公開［説明］

　情報公開は、厚労省の動物実験に関する基本指針で求められている事項である。現状では、HP、企業の環境責任報告（CSR）などで行われているのが一般的である。情報公開する資料は、機関内規程（動物実験委員会と動物実験の実施などの社内体制について）および自己点検評価結果であるが、公開の準備段階としては、動物実験の透明性を示すための必要最小限としているのが企業の現状である。その内容については各社の判断で行う。

(6) 施設、設備、組織の整備［説明］

　ガイドラインの記述では、管理者は実験動物の飼育管理、動物実験にかかわる施設を管理する者、実験動物管理者は、管理者の補佐をし、実験動物の管理を担当する者と述べられているが、機関の規模によって管理体制を構築する。さらに、実験動物管理者には、ガイドラインで定められる動物実験を円滑に実施し、進めるために責任と権限を持たせる必要がある。

　動物実験を適正かつ円滑に実施するためは、以下の施設、設備が備わっていることが望ましい。

①検疫・馴化を行う施設
②衛生的でストレスの少ない飼育環境で健康管理ができる施設
③外科的処置を含む適切な動物実験操作が可能な施設
④人獣共通感染症を含む疾病・創傷に対する適切な治療あるいは統御が可能な施設
⑤動物死体を含む廃棄物を適切に保管、処理可能な施設、設備、さらに実験動物が外へ逃亡できない施設、設備にすることも重要である。

　これらの事項については、別途孫規定（SOP）に定めるのが運用上便利である。また、ガイドラインでは、地震、火災等の緊急時についても適切な処置を講ずることのできる体制構築を求めているので、マニュアルなどを作成しておく必要がある。

(7) 教育訓練：［説明］

　実験動物の飼育管理者および動物実験実施者は、必ず事前に動物福祉に関する教育と動物施設利用のための教育を受けなければ、実験動物の飼育管理および動物実験ができないようにする。全体教育は社内あるいは社外の実験動物あるいは動物実験に精通した有識者による研修会などが一般的である。また、全体教育を開催した際は、必ず参加者名簿を作成し残しておく。教育訓練の一環として動物慰霊祭開催を盛り込むことも考えられる。

　受講者の登録は、動物実験実施者が確実に動物施設利用のため教育を受けたことを確認するためのものである。登録を必須とするものではないが、動物施設の入退管理を行う場合は施設利用者の資格として登録する事例が多い。実際の運用事例では教育訓練が不十分な例も見られるので、機関長の責務として明確にして教育訓練プログラムの作成と報告について言及する。

(8) 実験計画の立案：[説明]

　基本理念にある 3Rs を念頭において立案し、動物実験計画と実験実施数は極力少なくしなければならない。必要に応じて実験動物の専門家の意見を求めたり、動物実験委員会の助言に従ったりして、実験計画を立案する。外部委託する動物実験についても同様である。この項では適正な 3Rs 実施のために教育訓練が必要であることを明記する。

　なお、使用する一群の動物数については有効なデータを得るための最小限の数である科学的根拠（統計学的解析法）も記載することが望ましい。また、実験成績への影響が大きい実験動物およびその飼育条件への認識も示す。ガイドラインでは図 1-4 のような実験計画書に書くべき項目が示されている。

　「動物実験計画書」には実験責任者、実験等の目的および意義（動物実験の Benefit）、3Rs、苦痛度の評価、苦痛の軽減、人道的エンドポイント、実験終了後の処置等を明記しなければならない。苦痛度の評価および適正な実験技術なしに適切な苦痛軽減はできない。動物実験承認方法は各社で異なるが、事前承認の原則は崩さない。事前承認の徹底には、動物実験委員会における審査のスピード化への取り組みの説明およびできるだけ早い計画書提出への指導が重要と考える。

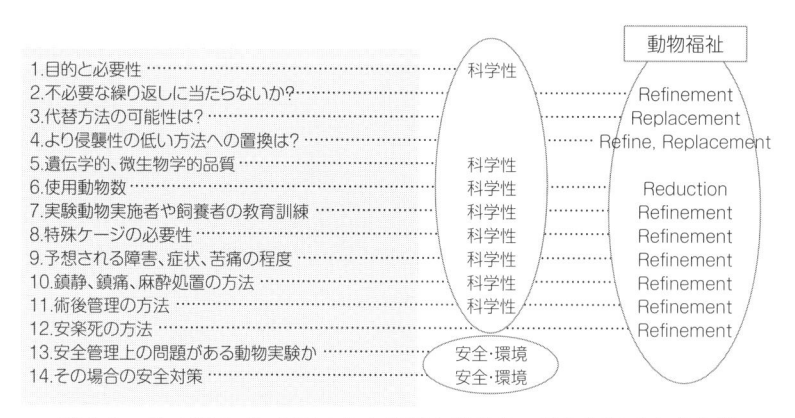

図 1-4　ガイドラインに示された項目と科学性、動物福祉のかかわり
実験計画書に書くべき項目（動物実験ガイドラインより抜粋）。
実験の科学性と動物福祉はイコールではないが、関連していることがわかる。

（9）動物実験の承認審査：［説明］

　実験従事者は、実験処置時の動物取扱いについて動物福祉の立場から、動物の不安や苦痛を極力軽減するように努め、動物がひどい苦痛や長時間の痛みと不快にさらされる場合、またはその可能性がある場合、実験目的に支障のない範囲で実験処置中止、鎮痛剤投与など動物の苦痛を軽減する処置を施すように努めるとともに、必要な場合には人道的エンドポイントを考慮し動物の安楽死処置をとる。人道的エンドポイントも含め、実験動物の処分基準と方法を明確にすることは重要である。処分基準としては、実験上の理由がある場合、動物が実験処置あるいは疾病または創傷等によって回復の見込みがない障害を被っている場合や苦痛が著しい場合、実験不使用個体または退役個体が実験に適格性を欠くと判断された場合、大規模な災害等の緊急事態により飼育管理の継続困難、あるいは逃亡の恐れが生じた場合等が挙げられる。また、処分方法については、生命の尊厳性を十分に考慮し、実験動物にできる限り不安および苦痛を与えない方法をあらかじめ具体的に決めておく。

（10）実験操作：［説明］

　実験従事者は、実験処置時の動物取扱いについて動物福祉の立場から、動物の不安や苦痛を極力軽減するように努め、動物がひどい苦痛や長時間の痛みと不快にさらされる場合、またはその可能性がある場合、実験目的に支障のない範囲で実験処置中止、鎮痛剤投与など動物の苦痛を軽減する処置を施すように努めるとともに、必要な場合には人道的エンドポイントを考慮し動物の安楽死処置をとる。人道的エンドポイントも含め、実験動物の処分基準と方法を明確にすることは重要である。処分基準としては、実験上の理由がある場合、動物が実験処置あるいは疾病または創傷等によって回復の見込みがない障害を被っている場合や苦痛が著しい場合、実験不使用個体または退役個体が実験に適格性を欠くと判断された場合、大規模な災害等の緊急事態により飼育管理の継続困難、あるいは逃亡の恐れが生じた場合等が挙げられる。また、処分方法については、生命の尊厳性を十分に考慮し、実験動物にできる限り不安および苦痛を与えない方法をあらかじめ具体的に決めておく。

（11）実験動物飼育管理：［説明］

　「実験動物の飼育管理に関する手順書：SOP」（施設によってはマニュアルというところもある）は、科学的および福祉的動物実験実施のために必須である。動物実験の質の維持のため、すべての動物施設で作成しておく。SOPには、施設への実験動物の導入時に必要に応じて行う適切な検疫・馴化法、遺伝的・微生物学的品質に関する条件、給餌および給水法、衛生的でストレスの少ない飼育環境で健康管理に留意して行う飼育法、人獣共通感染症を含む疾病の統御法、疾病・創傷に対する適切な治療法、実験動物の施設外への逃亡防止措置法、動物死体を含む動物施設からの廃棄物の処分方法を規定するなど、動物の発注、入荷、受入から飼育および廃棄物の終末処理までを記述する。また環境条件等を明記し、とくに異常が発生した場合の対応方法、連絡方法については具体的に記述する。

　動物実験実施者、実験動物飼育管理者は、図2-4（第2部、p.92）に示したような実験成績に影響を与える環境要因を知り、管理要素に加え"思いやり"を意識して動物に接するべきである。

（12）安全管理上の配慮（労働安全）［説明］

　有害性のある物質、有害性の未知な物質または病原体等を扱う動物実験においては、それぞれ基準などを作成して、職員（実験者、飼育担当者、洗浄担当者、廃棄物処理担当者など）の安全を確保する。取扱いは各危険度レベルによって異なる。動物あるいは床敷アレルギーは、本人が動物室に入るまで気付かない場合があるので、事前に動物室で研修を受けるなどの対応が望ましい。作業姿勢などの安全衛生教育も必要である。

（13）実験終了時の処置［説明］

　動物実験終了報告書には、安楽死処分時の苦痛の軽減措置方法を明確に記すと同時に、動物購入数と実験に使用した動物数が明確にわかるようにする。質の高い管理を行うためには、動物実験委員会事務局は動物実験終了後速やかに「動物実験終了報告書」の提出をするよう促し、内容の整合性のチェックを行う。

（14）自己点検および評価［説明］

　自己点検・評価の目的は動物実験が適正に行われたことの内部検証にある。

　厚労省の基本指針第 2 の 7 に掲げられた自己点検評価を受けて行うものである。

(15) 情報公開［説明］

　情報公開は、HP、企業の環境責任報告などで行うのが一般的である。情報公開する内容は最低限「動物実験の必要性、3Rs、動物実験委員会と動物実験規程などの社内体制について、教育について」を含むようにするが各社の判断で行う。

(16) 記録の保存・管理［説明］

　ガイドラインでは、記録の保管は機関の長の責務であるが、保管担当としては動物実験委員会事務局が適当と考えられる。動物実験に関する諸記録は、動物実験の基本的精神である 3Rs の精神に従って行われたことを確認・証明するために必ず保存・管理しておかなければならない。保存することが望ましい記録類としては、実験動物の飼育管理および動物実験に関する施設内規則および手順書、飼育管理記録、施設管理記録、職員の教育訓練に関する記録、動物実験委員会の議事録、動物実験計画書、動物実験の履行結果、実験責任者および実験従事者等関係者のリスト等が挙げられる。保管期間は 8 ～ 10 年以上とする。

(17) 動物実験規程の改廃［説明］

　本規程の改廃は、動物実験委員会の審議を経た後、機関の長の承認を得て行う。

＜参考＞

　本規程に書かれた別に定める子規定となる SOP、マニュアルなど。
1. 動物実験の審査承認に関する事項
2. 動物実験委員会に関する事項
3. 施設緊急時の対応
4. 実験操作に関する事項
5. 動物実験の飼育管理に関する事項
6. 自己点検・評価に関する事項
7. 情報公開に関する事項

3. 動物実験委員会規定策定に当たっての基本的考え方

（1）動物実験委員会設置の目的：[説明]

　動物実験の機関管理を達成するためには、管理の原則となる規則等が定められていることとともに、規則等に基づいて動物実験が実施されることを審査・指導する組織が必要である。

　機関の長は「動物実験委員会」を設置する。「動物実験委員会」の設置に当たっては、本委員会の役割を十分に理解し、かつ社内の状況を十分に反映させた体制とする。本委員会が確実かつ円滑に運営されるためには、会社がすべての動物実験の責任を持っていることを十分理解しておかなければならない。

　機関によっては、動物実験施設の場所が異なった地域あるいは異なった組織となることがあるができる限り統一内容とする。

（2）動物実験委員会の任務について：[説明]

　任務の基本は、機関内規程に基づき動物実験が科学的および動物福祉の観点から適正に実施されるよう調査・審議・改善・指導・助言・啓発することである。そのためには動物実験計画に対し、必要に応じて実験現場確認（Post Approval Monitoring：PAM）を行い、申請内容と著しく異なっている場合は、動物実験の計画書通りの実施を助言／指導する。また、PAM の資料は、動物実験終了報告書を確認するための調査資料ともなる。必要な場合は、違反者に対し警告、実験の中止、動物施設利用の禁止等の罰則を設ける。

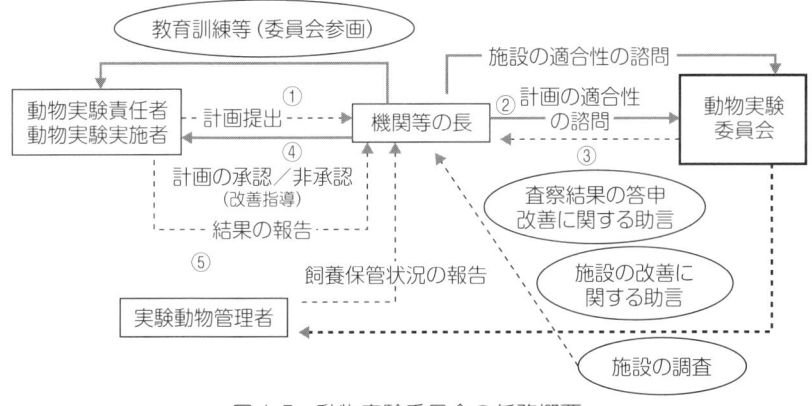

図 1-5　動物実験委員会の任務概要

23

(3) 構成および選任：[説明]

委員会は機関の長の諮問機関として位置付けるため、組織の運営に当たる機関の長と委員長は兼任できないのが原則である。

委員は機関の長の任命により選任される。委員は、①動物実験を行う研究者、②実験動物学または獣医学に関する知識ならびに経験を有する者、③その他の学識経験者の中から、任務を的確に判断、遂行できる立場の人を任命する。また、動物実験を客観的立場から捉えるために、動物実験の専門家の他、動物実験に関与しない第三者を加えることもある。動物実験に関与しない第三者には、たとえば総務部、管理部、法務部などの長が考えられる。客観性をより高めるために社外の有識者（たとえば獣医師、宗教家、弁護士など）を加える例もある。

(4) 任期：[説明]

委員の任期は、各社の状況によって異なるが1〜2年（再選は妨げない）が多い。

(5) 開催および運営

委員会の開催回数、定足数および議決、各社の状況によって異なる。
事務局は、総務部や動物管理部門に置いている例が多い。

(6) 議事録：[説明]

E-mail や持ち回りで審査した場合も、審議内容と承認番号、実験責任者名は議事録に記載する。

委員会の運営の結果として作成される議事録に審議結果は記載されるが、審議内容（委員からの質問内容、およびそれに対する実験責任者からの回答など）が記載されておらず正確な記録となっていないケースも見られる。適正な審査を実施した記録は、自己点検評価の際、また第三者評価の際にも必要であるから重要である。議事録に書く場合、また計画書原本に添付する方法など事前に定めて運用する。

(7) 規定の改廃

本規定の改廃は、動物実験委員会の審議を経た後、機関の長の承認を得て行う。

〇〇会社動物実験の実施に関する規程（例）

1．規程の目的

　「本動物実験実施規程（以下規程と略す）」は、「動物の愛護および管理に関する法律（以下動愛法という）」、「実験動物の飼養及び保管並びに苦痛軽減に関する基準（環境省告示、以下基準という）」、「厚生労働省の所管する実施機関における動物実験等の実施に関する基本指針：厚生労働省通知（以下基本指針という）」（＊注）および「動物実験の適正な実施に向けたガイドライン：日本学術会議（以下ガイドラインという）等に基づき、当社における動物実験を適正に機関管理することを目的とする。

　動物実験の実施は、科学的合理性に基づくとともに、実験動物を取扱うもの自身が動物福祉の実践に関する社会的責任を理解しなければならない。ここには「説明責任」が伴う。

2．基本理念

人々の健康増進に寄与する医薬品の創薬・開発研究には、今のところ動物実験が必要不可欠である。（人々の健康増進に寄与する機能食品の開発研究には、……その他）

　会社は、動物実験を実施するに当たり、科学的はもとより対象動物の生理、生態、習性等を十分に理解し、動物福祉への配慮をもって実験を実施する。さらに実験実施者は、法規等を遵守し、動物実験の科学性かつ動物福祉の基盤となる、使用する動物数の削減（Reduction）、代替試験法の採用（Replacement）に配慮する義務。また苦痛の軽減（Refinement）を実践する努力義務をもって動物実験を行うものとする。

3．適用範囲

　本規程は、会社が企画して行う社内および外部委託試験施設、共同研究先等の外部機関において実施されるすべての動物実験に適用する。社外施設で実験する場合は、当該実験施設においても関連法令が順守され、本規定の基本理念により動物実験が適正に行われていることを確認する。

　適用される実験動物は生体の哺乳類、鳥類、爬虫類（両生類、魚類）とする。

4. 定義

5. 実施機関の長の責務

5-1　機関の長は、（機関の長の職名）とし、所内で計画され実施、あるいは外部へ委託・共同研究される動物実験の実施に関して最終責任を有し、動物実験等の適正な実施のために必要な措置を講じること。

5-2　（機関の長の職名）は、基本指針等の動物実験関連の規程を踏まえ、研究所における適正な動物実験の実施等を定めた会社規程を策定し、適正な管理体制のもとで動物実験の機関管理に努める。なお、体制運用に当たり（機関の長の職名）の責務の一部を書面により代行者に委任することができる。5-1～5-4の責務は権限移譲できないものとする。

5-3　動物実験委員会の設置

　　（機関の長の職名）は、動物実験が指針および社内規程に適合しているか審査するために、社内に動物実験に関する委員会（以下動物実験委員会を設置する。「動物実験委員会」に関する事項は別に作成する。

5-4　動物実験計画の承認または非承認

　　（機関の長の職名）は、動物実験等の開始前に実験動物責任者に実験計画を提出させ委員会の審査を経て、その動物実験計画の承認または非承認をする。

5-5　動物実験計画の実施結果の確認

　　（機関の長の職名）は、動物実験責任者から、動物実験の終了後、動物実験責任者から実験結果についても報告を受け、必要に応じて適正な動物実験等の実施のための改善措置を講ずる。

5-6　教育訓練の実施

　　（機関の長の職名）は、動物実験委員会、実験動物管理者、動物実験責任者などの協力を得て動物実験実施者、飼育管理者など関係者に対し、法令等を周知させるとともに、動物実験の実施、実験動物の適正な飼育管理に係る技能を習得させるための教育訓練を行う。教育訓練については別に定める。

　　動物実験委員会委員長は、動物実験の適正な審査を保証するため、委員に対して必要な教育・訓練を行う。

5-7　自己点検・評価

　　（機関の長の職名）は、定期的に動物実験等の基本指針および規程への適合性について点検および評価をするとともに、点検および評価結

果について外部のものによる検証を実施することに努める。自己点検
評価については別に定める。

5-8 情報公開

　（機関の長の職名）は、点検および評価等の結果等について適切な方
法により公開する。

6. 施設、設備、組織の整備

　機関の長は、動物実験を適正かつ円滑に実施するため、必要な施設およ
び設備を整備するとともに、その管理・運営に必要な組織体制の整備に努
め、実験動物管理者を任命する。さらに定期的に整備状況を確認し、必要
に応じて改善措置を指示する。動物管理責任者は、動物に影響を及ぼす環
境、栄養、微生物、危険物質などの因子を統御し、動物の快適環境維持に
努める。動物実験施設の管理運営についての事項は別に定める。

　地震、火災等の施設緊急時の対応に関する事項は別に定める。

7. 教育訓練

　機関の長は、動物実験委員会、動物管理責任者などの協力を得て動物実
験実施者、飼育管理者など関係者に対し、動物実験、動物福祉に関する教
育訓練を実施するとともに、法令ならびに指針等の周知を図る。そのため
に教育訓練計画を訓練実務者に作成させ、訓練結果を動物実験委員会に報
告させる。

　実験動物の飼育管理者および動物実験実施者は、所定の教育を受けた後
に利用者名簿に登録され、動物実験施設を利用することができる。

　動物実験責任者は、動物実験、動物の取扱いおよび動物福祉に関して十
分な知識と経験を有するものでなければならない。

8. 実験計画の立案

　動物実験の実施に当たっては、研究の意味および動物実験を必要とする
理由を明確に説明できなければならない。動物実験の立案に当たっては、
上の実験の目的を達することのできる範囲において、代替法の検索、使用
する動物数の削減、苦痛の軽減に十分配慮し、適正な供試動物の選択、飼
育環境の確保、実験方法の検討を行う。適正な供試動物の選択に当たって
は、実験成績の精度ならびに再現性を考慮し、使用する動物種、数、微生
物学的・遺伝学的品質および飼育管理条件についても十分に配慮する。適

切な 3Rs の実施のためには、実験責任者の責務として実験実施者への教育訓練が必要である。

9. 動物実験の承認審査

　適用範囲で定める動物実験は、動物購入に先立ち「動物実験計画書」を動物実験委員会に提出し審査を受け、機関の長の承認を得る。「動物実験審査承認」に関する事項は別に定める。

　実験目的で購入する実験動物は、機関の長の承認が得られた実験計画の動物に限られる。

10. 実験操作

　動物実験実施に当たっては、実験の必要な限度において実験動物に与える苦痛を軽減しなければならない。身体の保定、給餌および給水制限、外科的処置、鎮痛処置、麻酔および術後管理、人道的エンドポイント、安楽死処置に配慮しなければならない。

　実験操作に関する事項は別に定める。

11. 実験動物の飼育管理

　動物の搬入に当たっては、人および他の実験動物への感染を防止するため、実験動物の健康状態等に関する検収・検疫および動物施設への馴化を行う。動物飼育担当者は、別に定める「実験動物の飼育に関する手順書」（SOP）に従って、適切な飼育管理を行う。実験実施者、動物飼育担当者および施設管理者は、協力して適切な施設、設備の維持・管理に努め、実験動物の飼育中は適切な給餌、給水等の飼育管理を行い、実験動物の状態を詳細に観察し、必要に応じて適切な処置をとる。実験動物の飼育管理については別に定める。

12. 安全管理上の配慮（労働安全）

　実験従事者は、物理的、化学的に取扱いに注意を要する試料、または病原体を用いた動物実験を実施する際には、実験における一般留意事項、関係法令等を遵守して、安全の確保および環境汚染の防止のために十分な措置を講じ、それぞれ別に定める社内基準に従う。動物あるいは床敷によるアレルギー、ラッテクスゴム手袋アレルギー、作業姿勢についても十分に注意を払う。

13. 実験終了時の処置

　実験実施者は、動物の死体等による環境汚染を防ぎ公衆衛生上の配慮に努める。動物実験終了の後、実験責任者、機関の長に実験結果の報告をする。機関の長は、実験履行結果を把握し、また、動物実験委員会の助言を尊重して動物実験責任者に改善を指示する。

14. 自己点検および評価

　機関の長は、動物愛護に配慮した科学的な動物実験推進を図るため、動物実験が、監督省庁の動物実験に関する基本指針および所内規程に従って適正に行われたことを定期的に点検し評価する。自己点検・評価に関する事項は別に定める。

15. 情報公開

　機関の長は、機関での動物実験に関する情報について年1回適正な方法で外部に公開する。情報公開に関する事項は別に定める。

16. 記録の保存・管理

　本規程に関する諸記録は「動物実験委員会」事務局が所定の保管場所に保存・管理する。

17. 動物実験規程の改廃

　本規程の改廃は、動物実験委員会の審議を経た後、機関の長の承認を得て行う。

＜改定記録＞
例：
制定：2015 年 4 月 1 日
改定：2018 年 4 月 1 日

○○会社動物実験委員会規定（例）

1. 委員会の目的

　本規定は、○○会社動物実験に関する規程第５．２に基づき動物実験委員会の組織、構成、任務ならびにその運営について定めたものである。
　実験動物の飼育管理および動物実験に関する業務を動物福祉にも配慮して適性かつ円滑に推進することを目的とする。

2. 委員会設置

　機関の長は、動物実験委員会（以下「委員会」という）を設置する。

3. 委員会構成および選任

　委員会は次のとおり構成する。
　1）委員長および委員は機関の長職名が任命する。
　2）委員は５名以上で次の各号のいずれかの要件を満たし、任務を果たすに相応しい識見を有する者とする。
　(1)動物実験等に関して優れた識見を有する者　1名以上
　(2)実験動物に関して優れた識見を有する者　1名以上
　(3)その他の学識経験を有する者　1名以上
　(4)事務局（1〜3名）

4. 任期

　1）委員の任期は２年とするが、再任を妨げない。
　2）委員が任期途中で辞任した場合は補充する。ただし、補充された委員の任期は前任者の残存任期内とする。

5. 委員会の役割

　「動物実験委員会」は「動物実験規程」を適正に運用するために、次の事項を調査・審議し、機関の長に改善の指導・助言すること。
　1）委員会への諮問事項の審議
　2）脊椎動物を用いる実験において、動物福祉の観点から実験実施上の配慮事項を確認
　3）動物実験計画書の審査に関する事項
　4）動物実験計画の実施状況および結果に関すること。

5) 施設等および実験動物の飼養保管状況に関すること。

6) 動物実験、実験動物の適正な取扱いおよび関係法令等に関する教育訓　　練に関すること。

7) 動物実験等が適切に行われていない場合の当該実験等の改善・中止に関すること。

8) その他、動物実験の適正な実施のために必要な事項

6. 委員会開催および運営

1) 委員会は年1回以上開催する。また、委員長が必要と判断した場合は随時召集することができる。通常委員会は、迅速審査のため、会合することなくメールで審議を行う。

2) 委員は、審査対象となる計画書に対するコメントをチェックリストに記載して事務局に提出する。

3) 委員長は委員会開催時には議長を務め総括する。

4) 委員会の定足数は委員の過半数の出席とする。

5) 動物実験計画の承認は、別に定める「動物実験承認規定」に従って行う。

6) 委員長は止むを得ぬ理由により委員長の業務遂行に支障が生じた場合は、あらかじめ委員長の指名する委員がその職務を代行する。

7) 委員は自ら実験責任者となる実験計画書の審査に参画することはできない。

8) 委員長は、必要があると認めた場合に、委員会の承認を得て、委員以外の関係者の出席を求め、説明または意見を聴取することができる。

9) 委員会事務局は、XX に置く 。

7. 委員会議事

委員会の議事録には、次の事項を含む。

1) 委員会の開催日時および場所

2) 委員会に参加した委員の氏名

3) 委員会での審議内容（委員からの質問内容、およびそれに対する実験責任者からの回答および審議の結果）

4) 承認された実験計画の承認番号と実験責任者名

8. 教育訓練

委員会は委員への動物実験計画書の審査に関する教育訓練を実施する。

9. 規定の改廃

本規定の改廃については「動物実験委員会」の審議を経て機関の長がこれを行う。

＜改定記録＞
例：
制定：2015 年 4 月 1 日
改定：2018 年 4 月 1 日

動物実験計画承認規定（例）
（動物実験計画書審査承認手順書）

1. 目的
　本手順書は、○○会社の動物実験施設および外部委託試験施設等において実施される動物実験について機関の長から諮問された動物実験計画書を科学的妥当性および動物福祉の観点から審査し、機関の長に答申し、承認を得ることによって実験動物福祉の徹底を図ることを目的とする。

2. 適用範囲
　本手順書は社内および外部委託試験施設等および共同研究施設において実施される脊椎動物を用いるすべての実験動物に適用する。実験使用除外動物使用の場合も適用する。

3. 動物実験計画書の申請と承認手続き
　1）実験者は、動物実験を実施しようとする際、事前に動物実験計画書を作成し、動物実験委員会事務局へ提出し承認を申請する。
　2）動物実験委員会事務局は動物実験計画書に記載された苦痛度カテゴリー分類により審議の要否を選択する。
　3）苦痛度カテゴリーが A に当たる実験は、本動物実験委員会では審査対象としない。
　4）ストレスあるいは痛みの度合いが、カテゴリー B、C、D で申請された計画書は、委員会において内容を審査する。事務局は共通サーバの仮想会議室(動物実験委員会会議室)に審査用のフォルダを作成し、申請された動物実験計画書、審査結果(コメント含む)、修正された動物実験計画書は事務局が取りまとめて、議事録として残す。
　5）審査結果は、委員長より機関の長へ答申される。
　6）答申された動物実験計画書は、機関の長により承認もしくは非承認となる。非承認となった動物実験計画書は、機関の長のコメントを反映させて修正し再度審査委員に修正内容についての審査を求めるか、もしくは取り下げる。
　7）承認された動物実験計画書は、動物実験委員会事務局が動物実験リストにそのタイトル、動物数などを登録する。

4. 動物実験計画書の審査方法

1) 事務局は、承認申請された動物実験計画書について以下の区別により審査方法を決定する。

　a) 計画された実験が新規であり、かつ教育訓練を目的としたものである場合は、委員長による審査と確認を実施する。

　b) 計画された実験が新規であり、かつ予備検討を目的としたものである場合は、事務局が選定する委員2名による審査と委員長による確認を実施する。

　c) 計画された実験が新規であり、かつ研究を目的とした場合（上記a、bに当たらない）は、すべての委員による審査と委員長による確認をする。

　d) 計画された実験が過去に承認、実施された実験の継続試験である場合は、委員長による審査と確認を実施する。

5. 動物実験計画書の審査

1) 委員会は、承認申請された動物実験計画書について動物福祉の観点から次の6.の事項を審査する。また、委員会は必要に応じて実験責任者から実験内容の説明を受け、社内規程に即した動物実験が行われるよう指導する。

2) 委員会は事務局によって設置されたサーバ内の動物実験委員会会議室にて、申請された計画書の確認と委員会用チェックリストの各項目に妥当もしくは要修正を記し、適宜コメントを残す。

3) 審査期間は計画書毎に事務局が設定する。

4) 委員会は、実験が計画通りに行われているかを必要に応じて調査・記録する。なお、カテゴリーEの実験においては委員会の実験実施調査・記録は必須とする。

6. 実験計画書記載事項と審査内容

1) 動物実験責任者の氏名

2) 実験実施者氏名

3) 実験担当者の教育と経験

4) 研究課題

5) 実験の目的および意義

6) 動物実験を必要とする理由

7) 実験動物の飼育場所、飼育方法および実験期間

8）実験動物の種類および数

9）実験動物に対する具体的な実験処置

10）それぞれの実験処置により予想される実験動物の苦痛の程度

11）実験動物の苦痛軽減方法

12）実験動物の処分方法

13）物理学的、化学的または生物学的危険因子、遺伝子組み換え生物の使用

14）外部機関で実施される場合は当該機関の第三者認証取得の有無

7. 実験計画の変更

1）実験計画の承認後、計画に変更が生じたときには、実験計画の変更審査を申請し、変更内容の承認を得なければならない。

2）事務局は以下の基準に従って変更内容の軽微、重大を判断し審査方法を決定する。

a）変更内容に実験責任者、実施期間、実施場所、動物使用数、実験処置、人道的エンドポイントのいずれかが含まれる場合は重大な変更とみなし、すべての委員による審査と委員長による確認を実施する。

b）変更内容に上記 a のいずれも含まれず、かつ変更内容に実験実施者、動物の系統、動物入手先、安楽死法のいずれかが含まれる場合は軽微な変更とみなし、委員長の確認を実施する。

8. 動物実験終了時の報告

実験責任者は実験終了後、機関の長に対し使用動物数、計画からの変更の有無、動物実験の成果などを報告する。報告内容は動物実験委員会が回覧確認後、機関の長が確認署名する。

9. 書類およびデータの保管

本手順書に基づく書類は、原本を動物実験委員会事務局が保管し、写しを実験責任者に渡す。原本の保管期間は 10 年間とする。

10. 手順書の改廃

この手順書の改廃は動物実験委員会の審議を経て行う。

＜改定記録＞

例：

制定：2015 年 4 月 1 日

改定：2018 年 4 月 1 日

動物実験委員会議事録（参考例）

動物実験委員会議事録　No2/08

日時，場所：2008. 8. 8　13:00-15:00，　○△研究所第1会議室
出席者：○○○，□□□□，◎◎◎◎　記録者，△△△

配布先：＊＊＊＊＊＊＊＊＊　……出席者のサインがあるとよい

1. 動物実験計画書審査

　動物実験計画書8件について審査し、4件について当社の動物実験規程に適合することを確認したので、その旨研究所長に答申した。4件1）、3）、5）、8）は＊＊年＊＊月＊＊日承認された。受付番号B20635については、指摘事項対応が確認でき次第結果を答申、承認される予定。

1）承認番号 AWC 08019

▶担当委員が、トレーニングとしての目的が達成されたと判断した時点で実験を終了させ、動物に過度のストレスを与えない処置をとる。
理由：トレーニングとして、トレーナーを含めて一人20匹を使用することの妥当性が明確ではないため。

2）受付番号 CA0812（以下の対応後に 再審査 ）
人道的エンドポイントの記載と実験処置から予想される動物の症状との間に整合性がない。

3）承認番号 CA0520

▶腎動脈狭窄手術とテレメトリー装置埋め込み手術実施、経時的血圧測定

今回の審査での確認事項：
　同一動物に対して複数の手術を施す場合には、個々の苦痛度カテゴリーがCであっても、動物に対して重度のストレスや苦痛を与える実験操作と考えられるため、苦痛度カテゴリーをDとすることが確認された。

4）受付番号 B10545（以下の対応後に 再審査 ）
▶「実験の目的」に動物実験の必要性を明記する。
理由：動物実験が果たす役割あるいは意義が記載されていないため。

5）承認番号 AWC 08021

苦痛度カテゴリーＣで提出されたが、カテゴリーＤで承認した。
理由：責任者に確認し、経験のない担当者のトレーニングであったため。

6）受付番号 B20535（以下の対応を確認して 承認予定 ）
苦痛度カテゴリーＣで提出されたが、カテゴリーＤで承認した。
理由：責任者に確認し、経験のない担当者のトレーニングであったため。

7）受付番号 B10545（以下の対応後に 再審査 ）
実験を２回繰り返す理由を明記すること。
理由：「再現性を見るため」と記載されているが、より明確な記載が望ましいため。

8）承認番号 AWC08022

本動物実験計画書については、前回の委員会ならびに動物実験責任者をゲストに招いた臨時委員会にて審議した結果、まず少数例での検討試験を行い、薬物投与後の動物の一般状態の観察、病理検査等を行い、当初の試験デザインで目的が達せられるかを確認することになった。また、前回指摘した目的、人道的エンドポイント、投与量設定の根拠等の記載についての修正は確認できたので承認された。なお、本試験は苦痛度カテゴリーＥと判定されたので、動物実験承認規定に従い、委員会による実験実施調査の対象とした。

2. その他

1）動物慰霊祭および動物福祉啓蒙活動について
慰霊祭後の動物福祉セミナーの参加者が 85 名と前年より増加し、充実した内容で終了した。セミナー演題は、人道的エンドポイントの考え方と実践　講師○○○○

2）動物実験委員会委員の教育・訓練について

委員の教育用に作成した資料（法規関連、動物実験と手技関連、動物実験施設利用マニュアル、動物実験委員会規定、動物福祉、ＡＡＡＬＡＣ関連資料など）が配布された。資料は随時更新され、実験実施者への教育にも利用可能である。また、委員の動物福祉に関する講習会、セミナー参加報告書等は、教育・訓練の記録として残すことになった。

動物実験計画の立案時に検討を要する事項（国内外の動向）

動物実験の適正な実施に関するガイドライン （日本学術会議：2006）第 4.1.1	PREPARE ガイドライン 15 項目 40 設問
1. 動物実験等の目的とその必要性（意義）	
2. 動物実験等の不要な繰り返しに当たらないか	
3. in vitro の実験系および系統発生的に下位の動物種への置き換えが可能かどうか（代替法の活用）	3. 倫理的問題　3Rs
4. 侵襲の低い動物実験方法への置き換えが可能かどうか（代替法の活用）	3. 倫理的問題　3Rs
5. 使用する実験動物種ならびに遺伝学的および微生物学的品質	10. 実験動物 11. 検疫と健康モニタリング
6. 使用する実験動物の数（n 数に統計学的根拠）	4. 実験計画と統計学的処理 　予備試験、検定力、有意差水準、無作為化
7. 動物実験実施者および飼養者に対する教育訓練の実績（動物実験委員会委員への教育）	7. 教育と訓練
8. 特殊なケージや飼育環境を適用する場合はそれが必要な理由（動物種・習性を考慮した環境確保、環境エンリッチメント）	6. 施設の調査：施設・設備の基準とニーズ評価とリスク対応、査察と話し合い
9. 実験処置により発生すると予想される障害や症状および苦痛の程度（鎮痛薬・麻酔薬・人道的エンドポイント・獣医学的管理）	3. 倫理的問題（9 設問）3Rs と 3Ss 　苦痛評価、苦痛と貢献、人道的 E.P.、ネガティブデータの登録、公表評価基準を死とするときの正当性、他
11. 鎮静、鎮痛、麻酔処置（ジエチルエーテル×、ペントバルビタール単独×、ケタミン⇒麻薬指定）	13.
12. 大規模な外科的処置の繰り返しに当たらないか	
13. 術後（周術期）管理の方法	
14. 実験動物の最終処分方法（安楽死の方法など教育・訓練）ペントバルビタール過量投与○	
15. 人および環境等に影響を与える可能性のある動物実験等であるかどうか。該当する場合は、必要な措置および手続き	8. 健康リスク、廃棄物処理と除染
16. 動物実験実施者、飼養者の労働安全衛生に係る事項（人獣共通感染症、震災対応）	2. 法的な問題 　法律による研究への影響
	1. 文献検索（5 設問）
	5. 実験に関わる準備、関係者間の調整会議
	12. 飼育施設と飼育　ウェルビーイング、環境、他
	13. 実験手順　保定、投与　採材
	14. 人道的安楽死、再利用、実験終了後飼育　法律、安楽死規定、職員の技能 15. 解剖　動物とサンプルの識別
備考：下線の部分には「説明責任」が必要である。	備考： (A) 動物実験計画構成に関する項目 　1、2、3、4 (B) 実験者と動物施設間の協議事項 　5、6、7、8 (C) 動物実験内容の質の管理項目 　9、10、11、12、13、14、15、16

先入観防止

Harm&Benefit
福祉

実験の再現性と関連

内容は、日本学術会議ガイドライン（2006年）とPREPAREガイドライン（2017年）より引用

審査用動物実験計画書様式（例）

受付番号：＿＿＿＿＿＿＿＿＿＿
受付日：　　年　　月　　日

研究所長殿

動物実験責任者	氏名	所属	教育訓練歴
	TEL：	E-mail：	
動物実験実施者 (全員記入のこと)	氏名	所属	教育訓練歴
	氏名	所属	教育訓練歴
研究課題			□新規　□継続 （承認番号　　　　） 前年度との変更 □有　□無
動物実験の目的			
実験の意義			
動物実験の実施予定期間	年　　月　　日（承認後）～　　年　　月　　日		
動物実験の実施場所		飼養保管施設	
動物実験を必要とする理由			

動物選択の根拠：1群（　　匹）×群数（　　）＝総数（　　　　）

使用動物	動物種	系統名	微生物学的保証	使用数	入手先
			□SPF　□他		

使用動物数の内訳とその算出根拠：

動物実験の方法（実験処置を継時的に記載し、それぞれの実験処置について苦痛度評価）：

実験動物の苦痛軽減・排除の方法：（保定・拘束の時間については 具体的に記載）

人道的エンドポイント：（設定が必要な場合は基準とする症状を記載、必要ないと思う場合はその理由を記載）

想定されるストレスや痛みのカテゴリー：□A　　□B　　□C　　□D　　□E

実験中断あるいは終了後の処置（安楽死法）：具体的に必要事項記載

安全管理上注意を 要する実験 拡散防止措置区分	
その他特記事項	

委員会記載欄：

審査時の委員コメント：	動物実験責任者回答：

委員会審査の結果
□本実験は、当社動物実験に関する規程に基づき計画されている.
□本実験は、要修正または要検討項目があるので、改善後再審査する.
(理由；

動物実験委員会委員長：　　　　　　　　　　　年月日

再審査理由：

委員会は、審査結果の答申まで
（承認権限はない）

委員会再審査の結果
□本実験は、当社動物実験に関する規程に基づき計画されている.
□本実験は、要修正または要検討項目があるので、改善後再審査する.
動物実験委員会委員長：　　　　　　　　　　　年月日

研究所長（実施機関の長）の判断	承認番号（事務局発番）
□本実験は、承認とする □本実験は、非承認とする 研究所長：　　　　　　　年月日	

承認・非承認は機関の長

このような動物実験計画書とその内容の審査を各研究機関の状況に適応させるための検討のポイントは次のようになる。

1. 研究機関の規模、組織に合わせた審査体制作り
2. 適正な審査が行える計画書様式の検討．必要により電子化対応についての検討計画書は、様式内のチェック欄にレ点をいるものでは記載者の思考を制限してしまいがちであるので、できるだけ Word や Excel を用いて記述式にするとよい
3. 必要項目の明確化
4. 審査内容の充実と委員間の審査レベル差を減少させるため実験計画書チェックリストの利用検討
5. 苦痛度の評価方法　個々の実験処置に対して苦痛度を評価
　　⇒　全体として評価
6. 人道的エンドポイントについての教育
7. 教育訓練歴、実験経験歴の確認法
8. 委員会が機能していることの根拠となる委員のコメントと実験責任者の回答をどのように記録として残すか

動物実験計画書記載のポイント

動 物 実 験 計 画 書

> 実験責任者，実験担当者は，教育訓練受講がないと実験はさせない（委員会で決める）

動物実験責任者	氏名	所属	実験歴／教育訓練受講歴
	TEL：	E-mail：	
動物実験実施者 （全員記入のこと）	氏名	所属	教育訓練歴
	氏名	所属	教育訓練歴
研究課題			□新規　□継続 （承認番号　　　） 前年度との変更 □有　□無
動物実験の目的			
実験の意義			
動物実験の実施予定期間	年　月　日（承認後）〜　　年　月　日		
動物実験の実施場所	実験室番号 環境制御の状態　記録重要	動物の 飼養保管施設　記録重要	
動物実験を必要とする理由			

> 実験内容でなく実験全体の目的，科学的・社会的意義・価値を委員会委員に伝わるように記載する．その実験を行わなければならない理由を記載する

> 他の実験方法に置換えできない理由を記載する．動物実験を行う必要性が委員会委員に伝わるよう明確に簡潔に記載する

動物選択の根拠

使用動物	動物種	系統名	微生物学的保証	使用数	入手先
			□SPF　□他		

使用動物数の内訳とその算出根拠

動物実験の方法　実験処置を継時的に記載し，それぞれの実験処置について苦痛度評価する

実験動物の苦痛軽減・排除の方法および保定・拘束の時間について　具体的に記載

人道的 エンドポイント	実験のエンドポイントではなく，人道的エンドポイントを記載．設定が必要な場合基準とする具体的症状を，必要ないと思う場合はその理由を記載

想定されるストレスや痛みのカテゴリー	□A　□B　□C　□D　□E

実験中断あるいは終了後の処置：

> チェックボックスとする場合，内容は社内の実験例から抽出するしない実験を書く必要はない

> 計画書の苦痛度評価が目的でなく，評価した結果から，適正な苦痛軽減処置を行うことが目的

安全管理上注意を要する実験-拡散防止措置区分 （該当項目にチェック）	□1．感染実験：□BSL1　□BSL2 □2．化学発癌剤・重金属・毒性化合物投与、ナノ物質投与 □3．放射性同位元素・放射線使用実験（放射線実験安全委員会承認番号：　　　） □4．遺伝子組換え動物使用実験（組換え実験安全委員会　承認番号：　　　）
その他特記事項	

> 読みやすい計画書作成を心がける．計画書は委員の全員にわかるように平易な言葉で記載し，専門用語や英語の使用はできるだけ避ける．略語には説明をつける．誤字・脱字・記載ミスや内容に矛盾がないか，計画書提出前に必ず目を通して確認すること．

様式は，東北大学の動物実験計画書作成の留意点から抜粋改変

動物実験計画書作成時の注意事項：実験計画書の記述と「説明責任」

項目	「説明責任が求められる内容」	説明資料
1. 全体の記述	実験担当者以外にもわかる簡単・明瞭・平易な文章	動物実験計画書
2. 教育訓練歴	教育訓練の日付または実施の内容	個人の教育記録
3. 実験目的	実験の目的を簡単・平易な文章で記載	動物実験計画書
4. 実験の意義	実験結果が何に役立つかを記載	動物実験計画書
5. 動物実験が必要な理由	動物を使用しなければ目的が達成できない理由 過去 10 年の文献で代替法がない旨の記載	動物実験計画書 代替法なしの文
6. 使用動物数の根拠	1 群の動物数とその根拠の記載 予備動物の数、再使用の有無記載	使用する統計学的手法
7. 実験処置と苦痛度	時系列に実験処置が書かれ、個々に苦痛度を評価している。	動物実験計画書 苦痛度基準表
8. 苦痛の軽減 鎮痛剤、 麻酔薬の使用 人道的エンドポイント	苦痛度の高い、個々の実験処置に対し苦痛度を評価し、鎮痛剤投与、麻酔薬投与、実験中断、人道的エンドポイント適用などが配慮され記載されている。 人道的エンドポイントの適用基準とする個々の症状、苦痛スコア等が記載されている。	動物実験計画書 人道的エンドポイント症状基準表
9. 安楽死処置	熟練者が、医薬品グレードの麻酔薬を過剰投与する記載。 死亡を呼吸と心停止で確認する旨の記載。 吸入麻酔薬を用いる場合は、排気、換気に配慮していること。 CO_2 を用いる場合は、ボンベからのガスを使用し、徐々に CO_2 濃度を上げていること。	安楽死記録 実施者の教育記録 麻酔薬の使用量吸収缶重量管理記録

　　動物実験責任者は、動物実験計画書作成に当たっては、表のような項目について動物福祉の観点から「説明責任」を有するので、表の「説明責任が求められる内容」にあるようなことを計画書にわかりやすく記述する必要がある。

　　一方、動物実験委員会は、動物実験計画書の審査に当たって計画書に表のような記述があるかを確認し、記述不足がある場合には p.46 の例のような「計画書チェックシート」に記録を残すとともに p.47 の例のように動物実験責任者に指摘し、指摘事項について両者で解決策を協議し、その経過を記録することが審査の「説明責任」となると考える。

動物実験計画書記載と審査のポイント

　　動物実験委員会の委員は、意図的に専門分野の違う人で構成されている。それゆえ、全委員が計画書の内容を理解できるように動物実験の方法について明解かつ簡潔に順序だって説明がなされていることが必要である。以下の表は、動物実験計画書を作成する動物実験責任者および、計画書を審査する動物実験委員会委員に対して記載と審査のポイントを述べたものである。双方の理解により円滑な審査が望めるものと考える。

計画書項目	審査項目	審査の留意点
研究目的の妥当性 実験の "Benefit" にかかわる項目	実験目的とその意義についての記載があるか	ヒトあるいは動物の健康促進、知識あるいは技能向上、および科学的、教育的充足の推進に関連した実験であることが述べられているか
動物を使用する根拠の妥当性 "Replacement" にかかわる項目	動物を使用する根拠が明確か。また代替の可能性と妥当性について検討されているか	①動物を使用する根拠が明確か。 ②より侵襲性の低い方法、他の動物種への置き換えが検討されているか ③生体から取り出した臓器、細胞・組織培養系、コンピューター シミュレーションなどへの置き換えの可能性と妥当性について検討されているか。
動物を選択した根拠および数の妥当性 "Reduction" にかかわる項目	動物種選択ならびに動物数の妥当性が述べられているか（動物数あるいは実験群ごとの動物数を算出した根拠が書かれているか）	①適切な動物種（遺伝学的、微生物学的品質）か。 ②飼育場所は 適正な環境制御がされているか ③苦痛度を上昇させずに（複数回の外科手術や動物の再使用をせずに）与えられた動物数で最大の情報を得るための数となっているか。 実験計画の科学的価値を審査するのは、一般に動物実験委員会の責任外である。しかし科学的要素は、実験の成否にかかわるとともに、動物福祉に大きくかかわる要素であるので評価する。
	不必要な繰り返し実験になっていないか	繰り返し実験を行う理由が明確か、以前に実施した実験結果が反映されているかをチェックする。 往々にして、期待する結果が得られなかった場合に繰り返し実験を行うことがある。委員会の責任外であるが、結果の恣意的選択を求めることになっていないか注意
住居環境	標準的でない住居、あるいは飼育条件が必要な場合の理由の根拠が記載されているか。	標準的でないケージ材質、ケージサイズ、金網床他、あるいは飼育条件（温度、照明、飼育密度、給餌、給水法などが必要な 場合の理由が記載されているか）
実験手法の妥当性	実験処置がもたらす動物福祉（ウェルビーイング）への影響は考慮されている "Refinement" にかかわる項目	ウェルビーイングの要件には、1)動物の行動・健康、2)住居、3) 環境、4) 飼育管理、5) 3Rs、人道的エンドポイント、外科手術、安楽死などがある。ここでは、実験処置により生じてくる生理的、機能的障害（例：薬剤や手術による病態モデル作製、遺伝子組換え動物など、処置により引き起こされる急性・慢性 の病態）が認識されているかを評価する。 使用されている薬剤は医薬品レベルのものか。
外科手術の 手法・術中術後管理の妥当性	実験処置後あるいは術後の動物の観察、記録についての記載あるか	①外科手術においては、無菌的手術が計画されているか。 ②周術期の動物の鎮痛剤、麻酔薬の使用は適切か、体温の維持についての処置があるか、とくに小動物では重要である。（三種混合麻酔薬は保温が必須） ③術後の保温、清潔度維持は適切か。 ④行動、摂食、術後疼痛に関する観察は行われているか。必要な処置は記載されているか。

苦痛評価の妥当性	痛みあるいは侵襲性のレベル評価は適切か	① SCAW の苦痛度レベル評価その他標準的な苦痛度レベル評価 に準拠し個々の処置の苦痛度評価がされているか。 ②頻回の処置に対する苦痛度評価は適切か。 ③身体の拘束、絶食、絶水はそれらの適用時間によって苦痛が 大きい。処置中の観察について記載されているか。とくに絶食、絶水は、動物種によって影響が大きいため、それが実験上必要である根拠と制限の限度 (時間) が説明されているか。制限の結果生じる悪影響は考慮されているか。 苦痛度レベル評価が困難な場合は、その処置をヒトに行ったら、それはどのような苦痛であるかを類推して判断するのも 1 つの方法である。 (記述：AVAMA ガイドライン)
	同じ動物に対する繰り返しの外科的処置をする場合の説明はあるか	"実験処置する動物を再使用する理由に Reductionを持ち出してはいないかに注意"
苦痛度軽減方法の妥当性	鎮静、鎮痛、麻酔剤の使用は適切か	①動物の不安、苦しみ、痛みの排除もしくは可能な限りの抑制処置がとられているか。 ②使用薬剤は、医薬品レベルのものであるか。 ③麻酔はトレーニングされた者により実施されているか。
人道的エンドポイントの設定	実験目標達成のためのエンドポイントおよび人道的エンドポイントに関する具体的記述があるか	①感染実験、放射線照射実験、癌接種実験他、動物の生死で、実験結果を判断する実験については、なぜ生死でなければ実験結果が判断できないのかの説明がなされているか。 ②苦痛度レベル D 以上の処置に対しては人道的エンドポイントが検討されているか。 "人道的エンドポイントの評価が難しいときは、小規模な予備実験は有効である" ③人道的エンドポイント適用の具体的症状、動物の状態が書かれているか。 ④予期しない症状、状態になった場合の処置が記載されているか。
	激痛あるいは大きなストレスが予想される場合、実験の中断時期、実験群からの除外、安楽死処置に関する判断基準が記載されているか	①激痛あるいは大きなストレスが予想される場合、実験の中断 時期、実験群からの除外、安楽死処置に関する判断基準は明確か。 ②実験の中断時期、実験群からの除外、安楽死処置に関する判断者は明確か。
安楽死方法の妥当性	安楽死処置あるいは動物の処分方法は明確かとくに寿命の長い動物については実験終了後の飼育計画があるか	①安楽死法は、社会的に容認されているものであるか。また実施者は教育訓練されたものであるか。 ②イヌ、サル他、寿命の長い動物については、実験終了後の飼育計画があるか。 ③小動物の場合、実験終了後飼育する場合はその利用に妥当性はあるか。
実験従事者の教育	実験従事者の教育や経験について述べられているか	①動物実験処置に関する実験従事者の教育や経験について述べられているか。 ②生体を用いた実験の技能訓練受講記録はあるか。 ③経験豊富な有資格者自身による実験か。または指導者の監督下における実験か。
安全衛生	使用する危険物が把捉されているか	①法令等にかかわるものは、対応が適切であるか。 ② 安全な作業環境の確保ができているか。 ③ 適切な保護具について記載があるか。
他の実験計画との関連	他の委員会承認が必要な場合の承認はあるか	組換え実験、ヒト由来試料、放射線、微生物感染などの実験。

動物実験計画書チェックリストの例（審査委員用）

実験責任者：＿＿＿＿＿＿＿＿　審査委員：＿＿＿＿＿＿＿＿　審査日：＿＿＿＿＿＿＿＿

実験名：＿＿＿＿＿＿＿＿＿＿＿＿＿＿＿＿＿＿＿＿＿＿＿＿＿＿＿＿＿＿＿＿＿＿＿＿＿＿

	チェック項目	委員判断	委員コメント（要修正の場合必須）
1	実験担当者の教育と経験は妥当であるか	妥当・要修正	
2	実験目的と意義の記載	妥当・要修正	
3	実験に動物を必要とする根拠の記載	妥当・要修正	
4	動物種選択の理由が記載されているか	妥当・要修正	
5	動物数の妥当性が記載されているか実験群のN数の根拠が記載されているか	妥当・要修正	
6	繰り返し実験になっていないか．繰り返す場合の理由の記載	妥当・要修正	
7	外科手術における医薬品レベルの鎮静・鎮痛・麻酔剤の使用は適切であるか	妥当・要修正　該当せず	
8	術前・術中・術後の観察と処置は適切か	妥当・要修正　該当せず	
9	同じ動物に対する繰り返し手術をする場合の理由は明確か	妥当・要修正　該当せず	
10	人道的エンドポイントとして予想される苦痛の症状についての記載はあるか	妥当・要修正	
11	実験処置後に苦痛の発現が予想される場合、実験の中断時期、実験群からの除外の基準、安楽死処置の基準は明確か．判断者は明確か	妥当・要修正	
12	安楽死処置方法についての記載死の確認法の記載あるか	妥当・要修正	
13	安全な実験環境は確保されているか	妥当・要修正	
14	実験計画書は明解かつ簡潔な順序だった記述になっているか	妥当・要修正	

> チェック項目は、ILARガイドの訳本である「実験動物の管理と使用に関する指針 第8版のp.27-28の15項目を参照としている。

動物実験計画書審査記録の記入例（委員会用）

各委員のコメントを事務局がまとめ、委員会意見とする。要修正意見があった場合は、委員長名で委員会コメントを動物実験責任者に返し回答をもらい再審査する。

受付番号：2016.04.02

実験責任者：山田 太郎　審査委員：鈴木 一郎　審査日：2018 .04. 9 日：＿＿＿＿＿＿＿＿＿　判断：妥当 ⟨要修正⟩

実験名：＊＊＊＊＊＊＊＊＊＊＊＊＊＊＊＊＊

	チェック項目	委員会判断	委員コメント（要修正の場合必須）	実験責任者回答
1	実験担当者の教育と経験は妥当であるか	⟨妥当⟩ 要修正	＜記載例＞	＜記載例＞
2	実験目的と意義の記載	⟨妥当⟩ 要修正	4. n数3で信頼性のあるデータが得られますか	4. Reduction を考慮して n＝3 としました。
3	実験に動物を必要とする根拠の記載	⟨妥当⟩ 要修正		委員会：実験目的作成のために必要な数を用いることを検討してください。
4	動物種選択の理由が記載されているか	妥当 ⟨要修正⟩	6. ペントバルビタールの単独使用は鎮痛効果が弱いので、不適切。鎮痛剤の併用または他の麻酔薬（たとえば、三種混合麻酔薬など）への変更を検討してください。	統計学的処理に必要な際少数として n=6 としまし、計画書修正しました。
5	動物数の妥当性が記載されているか実験群のN数の根拠が記載されているか	⟨妥当⟩ 要修正		委員会：妥当
6	繰り返し実験になっていないか．繰り返す場合の理由の記載	妥当 ⟨要修正⟩	9. 計画書として苦痛度Dと評価されていますが、個々の実験処置の苦痛度は評価しましたか。	6. イソフルランに変更し、計画書修正しました。
7	外科手術における医薬品レベルの鎮静・鎮痛・麻酔剤の使用は適切であるか	⟨妥当⟩ 要修正		委員会：妥当
8	術前・術中・術後の観察と処置は適切か	⟨妥当⟩ 要修正	10. 人道的エンドポイントは、動物の状態が悪くなったら安楽死というのではなく、15%の体重減少が見られたとき、3℃の体温低下が見られたとき、長期の下痢が続いたときというように具体的症状を記載してください。	9. 個々の苦痛度の評価はしていません。
9	同じ動物に対する繰返し手術をする場合の理由は明確か	妥当 ⟨要修正⟩		委員会：要修正 計画では苦痛軽減処置を検討しなければなりませんが、その際個々の実験処置の苦痛度が評価されていないと適切な苦痛軽減ができないので、個々に苦痛度を評価してください。
10	人道的エンドポイントとする場合の、予想される苦痛の症状についての記載はあるか	妥当 ⟨要修正⟩		
11	実験処置後に苦痛の発現が予想される場合、実験の中断時期、実験群からの除外の基準、安楽死処置の基準は明確か．判断者は明確か	⟨妥当⟩ 要修正		10. 過去の実験例から体重低下と重度の行動抑制が見られていますので、この2点をエンドポイントとし、計画書を修正しました
12	安楽死処置方法についての記載 死の確認方法は明確か	⟨妥当⟩ 要修正		委員会：妥当
13	安全な実験環境は確保されているか	⟨妥当⟩ 要修正		
14	実験計画書は明解かつ簡潔な順序だった記述になっているか	⟨妥当⟩ 要修正		

動物実験実施結果報告書（例）

（実施機関の長）　　　　　殿

報告者：

1. 申請計画　及び　実験責任者

実験課題名		
実験計画期間		
実験責任者	所　　属	電話・Email

2. 動物実験計画からの変更の有無

□なし、　　□軽微な変更あり、　　□重大な変更あり
（変更の内容：　　　　　　　　　　　　　　　　　　　　　　　　　　　）
□実験中止　（理由：　　　　　　　　　　　　　　　　　　　　　　　　）

3. 実験に用いた動物の数

動物種	系統等	計画数	使用数*	安楽死数	未使用数**
備考：					

※動物使用数は未使用動物を除いた数を記載してください。
※※未使用動物は、未使用と判明した後の推移がわかるよう備考欄に記載してください。

4. 実験期間中、予期しない苦痛症状の発生の有無。

発生ありの場合、苦痛の症状と苦痛軽減対応はどのようにしたか記載してください。
□なし、　□あり　（内容と対応：　　　　　　　　　　　　　　　　　　）

5. 設定した人道的エンドポイントは計画書に記載した内容で十分であったか。

□なし、　□あり　（内容と対応：　　　　　　　　　　　　　　　　　　）

6. 実験中の動物実験委員会の監査（PAM：実験承認後の実験監査）

□なし、　□あり　（内容と対応：　　　　　　　　　　　　　　　　　　）

7. 動物に由来する事故あるいは人と動物の安全に関わる問題の発生の有無。

□なし、　□あり　（内容と対応：　　　　　　　　　　　　　　　　　　）

8. 実験の成果　（得られた結果はどのように活用できましたか）

□実験報告書、　　□実験技能向上、　　□学会発表、　　□論文発表、
□特記すべき成果あり（　　　　　　　　　　　　　　　　　　　　　　　）

機関の長の確認：　　　　　年　　　　月　　　　日　　　サインまたは印

> 日本学術会議の動物実験ガイドラインでは、項目2、3、8が報告項目として示されている。

動物実験計画書承認後の実験実施状況のチェックシート 例1

実験承認番号		連絡先	
実験責任者			

実験実施期間		
実験状況調査日：		実験状況調査者：
実験状況調査日：		実験状況調査者：
実験終了報告書 調査日：		終了報告書調査者：

1	実験区域における麻酔装置 （装置の有無、配置、換気装置などを視察）	適切／不適切／該当せず 麻酔装置の概要： 不適正な場合その内容：
2	外科的処置の実施区域における、無菌手術操作 （手術処置実施状況を視察）	適切／不適切／該当せず チェックした操作： 不適正な場合その内容：
3	規制薬剤の適正な管理と使用状況などの調査 （保管状態と記録を確認）	適切／不適切／該当せず チェックした薬品名： 不適正な場合その内容：
4	実験計画に関連した安全衛生上の問題点の点検 （記録確認）	あり／なし ありの場合その内容：
5	麻酔および外科処置に関する記録の点検 （使用麻酔薬、投与量、外科処置時間、 術中術後の保温、感染管理などの記録確認）	適切／不適切／該当せず 不適正な場合その内容：
6	動物に影響が及ぶような、予想に反する実験結果もし くは予想外の実験結果の有無（記録確認）	あり／なし ありの場合その内容と対処：
7	実験操作と手順の視察 承認された実験計画との比較 （人道的エンドポイント、安楽死処置の状況確認）	チェックした実験操作内容： 不適正な場合その内容： 計画書との比較：適切／不適正

委員会判断
　□実験計画通り実施されている。
　□以下の問題がありますので、対応について回答してください。

> チェック項目は、ILAR ガイドの訳本である「実験動物の管理と使用に関する指針 第8版の p.37 の5項目を参考としている。

承認後のモニタリング調査のためのチェックリスト　例2

動物実験責任者：＿＿＿＿＿＿＿＿＿＿＿＿　動物実験承認番号：＿＿＿＿＿＿＿＿＿＿＿＿

実験課題：＿＿＿＿＿＿＿＿＿＿＿＿＿＿＿＿＿＿＿＿＿＿＿＿＿＿＿＿＿＿＿＿＿＿＿＿＿

調査者：＿＿＿＿＿＿＿＿＿＿＿＿＿＿＿＿　調査日：＿＿＿＿＿＿＿＿＿＿＿＿

＜チェック項目＞□□□（ハイ、イイエ、該当なし）にチェック。イイエの場合コメント欄へ状況記載

A. 動物実験計画書と実験実施者
　　□□□動物実験責任者は、修正を含む、完全な動物実験計画書の最新版を持っているか？
　　□□□実験関係者は、修正を含む、完全な動物実験計画書を見ることができるか？
　　□□□実験担当者は、動物実験計画書を理解しているか？
　　□□□動物実験計画書は、動物実験委員会の審査を受け、機関の長により承認されているか？
　　□□□実験担当者は適切に動物を使用し、洗練された手技で実験するように訓練されているか？
　　□□□動物の痛みや苦痛の認識に堪能な研究にかかわる人々がいるか？
　　□□□実験動物の状態異常について実験担当者はどのように獣医学的管理担当者に連絡しているか？

```
コメント欄
```

B. 実験手順　　□□□（ハイ、イイエ、該当なし）にチェック
　　□□□動物のケージカードの実験番号が使用されている動物実験計画書の番号と一致しているか？
　　□□□実験室は、動物実験計画書の記載と一致しているか？
　　□□□実験手順は、承認された動物実験計画書のものと一致しているか？
　　□□□実験者は、適切にこれらの手順を実行するように訓練されているか？　訓練の記録はあるか？
　　□□□実験室の担当者は、白衣、マスク、手袋、ゴーグルなどを着用しているか？
　　□□□手術や、危険検体使用の手順は、計画書に書かれているものと一致しているか？

```
コメント欄
```

C. 麻酔　　□□□（ハイ、イイエ、該当なし）にチェック
　　□□□麻酔の方法は承認された動物実験計画書と一致しているか？
　　□□□麻酔した動物は、承認された動物実験計画書で記載された方法に従って監視されているか？
　　□□□動物は処置のために適切な麻酔深度に維持されているか？
　　□□□吸入麻酔を使用する場合は、排気処理装置は適正に管理されているか？
　　□□□麻酔薬は医薬品レベルのものを使用しているか？
　　□□□麻酔装置は日常点検を行い、調整・清掃されているか？
　　□□□麻酔薬は使用期限内のものか？

```
コメント欄
```

D. 手術または他の痛みを伴う実験の手続き　　□□□（ハイ、イイエ、該当なし）にチェック
　　□□□手術やされている場所で実行される任意の他の痛みを伴う手順は委員会により承認されているか？
　　□□□術前の動物の待機場所と方法は、承認された動物実験計画書通りか？
　　□□□生存手術は滅菌器具、滅菌手袋、外科手術用マスクを使用して無菌操作で実施されているか？
　　□□□周術期中、動物は保温されているか？
　　□□□切開・縫合は、動物実験計画書通りの方法で行われているか（縫合糸、ステープル、および／または組織接着剤）？
　　□□□動物のための適切な回復区域があるか？
　　□□□手術室はあるか？

コメント欄

E. 手術後のケア　　□□□（ハイ、イイエ、該当なし）にチェック
　　　　□□□手術後のケアは承認された動物実験計画書と一致しているか？
　　　　□□□鎮痛の方法は承認された動物実験計画書（用量、頻度、期間）と一致しているか？
　　　　□□□鎮痛薬は有効期限が切れていないか？

コメント欄

F. 安楽死　　□□□（ハイ、イイエ、該当なし）にチェック
　　　　□□□安楽死の方法は動物実験計画書に書かれて承認されているものと一致しているか？
　　　　□□□安楽死処置方法は SOP に記載されているか？
　　　　□□□物理的安楽死法は、必要な時のみ行われるよう記述があるか？
　　　　□□□死体 / 組織処分の適切な方法は記載があるか？
　　　　□□□ CO_2 で安楽死を行う場合のガス充填方法の SOP はあるか？

コメント欄

G. 一般的な記録の保持　　□□□（ハイ、イイエ、該当なし）にチェック
　　　　□□□外科的手術の記録があるか？
　　　　□□□動物は、動物実験計画書番号と、個々の番号や、ケージカードによって識別されているか？
　　　　□□□実験処置後のケアの状況を記録しているか？
　　　　□□□薬剤投与は正確に記録されているか？
　　　　□□□注射、採血、およびサンプル収集量は、日付、処置者が記録されているか？
　　　　□□□規制物質の使用の記録を保管しているか？

コメント欄

H. 実験室　　□□□（ハイ、イイエ、該当なし）にチェック
　　　　□□□動物飼育区域は適切に消毒されているか？
　　　　□□□動物は 12 時間以上実験室に置かれている場合は、動物実験委員会により承認された付属の
　　　　　　　飼育場所を持っているか？
　　　　□□□生存手順のために使用される薬剤、縫合材料、およびその他の包装は有効期限内か？
　　　　□□□薬物 / 物質の有効期限が切れていないか？
　　　　□□□薬は医薬品グレードとして製剤化されたものを使用しているか？
　　　　□□□規制物質は 鍵のかかる保管庫に、固定され、使用者が限定されて保存されているか？
　　　　□□□人または動物に対する安全性の問題や、その他動物福祉に関する問題はないか？

コメント欄

総コメント

Smelser J F, et al.: Lab. Anim., 34(10): 23-27, 2005 より引用改変

動物実験に関する教育

1. 教育の目的
実験動物の適正な実施と、社会的責任の遂行ができる人材育成。

1) 適正な実施とは？

　実験実施者、飼養者がウェルビーイングを考慮して実験を実施すること。

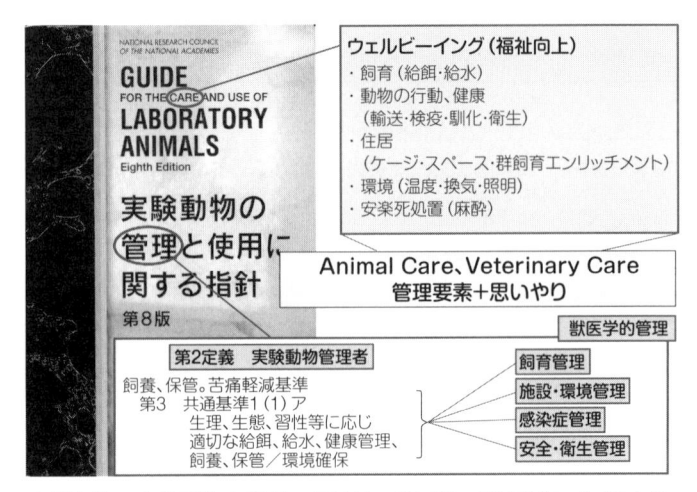

内橋真悠：実験動物と環境、26(1)：17-22、2008 年、に示された考え方を図式化

2) 社会的責任とは？

　実験動物の生命を尊重しつつ、人々の健康維持増進と生命科学の進歩に寄与することを目的として実験を実施すること。
- ・Harm & Benefit の吟味
- ・ウェルビーイングの実施
- ・苦痛の軽減、苦痛度判断基準作成
- ・人道的エンドポイント、症状判断基準作成
- ・安楽死処置判断基準作成、実施

2. 教育内容
適正な実験を行うためには、当事者に教育を行わなければならない。

1）基本指針
　　第 5 条　実験計画の配慮
　　　　動物実験責任者は、動物実験等により取得される データの（科学的）信頼性（と再現性）を確保する観点から……代替法の利用、実験動物の選択、苦痛の軽減、に基づき動物実験計画を立案、動物実験等の適正実施

　　　　　　　　　　　　▲3Rs（動物福祉への配慮）

2）ガイドライン（日本学術会議）
　　第 10 条　教育内容実験動物管理者、実験実施者、飼養者の別に応じて、以下の項目を教育する
　　・関連法令、条例、指針等および規程等に関する事項
　　・動物実験等および実験動物の取扱いに関する事項
　　・実験動物の使用保管に関する事項
　　・安全確保に関する事項
　　・施設等の利用方法に関する事項

3）3Rs 原則の理解
　　Replacement、Refinement、Reduction（Russell & Burch, 1959）
　　ILAR ガイド　第 8 版
　　①代替法の利用（Replacement）：動物を使用しない方法
　　・完全置換（動物の代わりにコンピュータ等の無生物を用いる）
　　・相対的置換（脊椎動物等の代わりに系統発生学的に低位の動物を用いる）
　　②使用数の削減（Reduction）：
　　・より少ない動物数で同等の情報を得るための、もしくは少数の動物を長期飼育することで等しい情報を得ることにより、与えられた動物数で最大の情報を得る（苦痛度は上昇しない）ための方策
　　・新しい実験方法の導入（イメージングシステム導入など）
　　・一方、国際的動向として、実験の科学的再現性を保証するなどの

　　　　根拠を持って必要な方法を用いる（p.39、PREPARE ガイドライン参照）

　③実験の洗練（Refinement）：

　　　　動物のウェルビーイングの向上および苦痛の最小化もしくは排除のための、飼育あるいは実験処置の改善をいう。

　　　・Refinement と Reduction のバランス

　　　・人道的エンドポイントの設定と実施

　　　・獣医学的管理視点からの協議と実施

3．教育の実施

　1）教育項目

　　　　別表を参照に教育計画を立案し、動物実験委員会委員動物実験責任者、実験実施者、実験動物管理者、飼育管理担当者を対象として教育を実施する。

　　　　教育項目および項目ごとに、詳細度（◎◎◎、◎◎、◎、○、－）を動物実験委員会で検討する。

　　　　実験計画検討に当たっては、再現性のある論文であることを示す必要性から、論文に書くべき 20 項目を示した ARRIVE のガイドラインが参考になる（（公社）日本実験動物学会 Web サイト内：https://www.nc3rs.org.uk/sites/default/files/documents/Guidelines/ARRIVE%20in%20Japanese.pdf

　2）教育実施方法

　　　・研究機関内で行う内外の講師による講習会、E ラーニングなど

　　　・動物実験実施部門で行う OJT、勉強会など

　　　・研究機関外のセミナー、学会、研究会などへの参加

　　　・委員会が委員に行う OJT、資料配布など

　3）教育の実施記録

　　　・講演会などの集合教育の記録として参加者名簿

　　　・動物実験関係者の教育歴、技能を示すための個人教育記録

　　　・教育記録の証明としての、各種受講証、認定書・免許書

教育訓練項目と担当者別教育の詳細度（例）

	教育項目	動物実験責任者	動物実験担当者	実験動物管理者	飼育管理担当者	動物実験委員会委員
法規・規程	関連法令、条例、指針等に関する事項	◎	○	◎	○	◎
	動愛法、基本指針の内容　要点	◎	○	◎	○	◎
	学術会議ガイドライン	◎◎	○	◎	—	◎◎
	機関内規程の内容	◎◎	○	◎	◎	◎◎
動物実験委員会	動物実験委員会の役割	◎◎	○	◎	◎	◎◎◎
	動物実験委員会規定	◎	○	◎	○	◎◎
	動物実申請の流れ、実験承認法	◎◎	○	◎	◎	◎◎◎
	動物実験計画書審査方法	◎◎	○	○	—	◎◎◎
	実験承認後の実験実施状況調査（PAM）	◎◎	○	◎	—	◎◎◎
動物実験計画書	実験計画	◎◎◎	○	◎	◎	◎◎◎
	動物実験計画書の要件、記載方法	◎	○	◎	◎	◎
	Replacement, Refinement, Reduction	◎	○	◎◎	◎	◎◎
	Harm & Benefit	◎	○	○	◎	◎◎
	苦痛の認識、苦痛度判断基準	◎	○	◎	○	◎◎
	苦痛の軽減　麻酔、鎮痛剤	◎	○	◎◎	◎	◎◎
	人道的エンドポイント、苦痛症状判断基準	◎	○	◎	○	◎◎
	安楽死処置　判断基準	◎	○	◎◎	◎	◎
	化学物質、微生物、遺伝子組み換え	◎	○	○	—	○
	統計学的処理の基礎	◎	○	—	—	○
実験終了報告書	動物実験終了報告書の要件、記載方法	◎◎◎	○	—	—	◎◎◎
動物実験	実験責任者の責務	◎◎◎	○	—	—	◎◎
	動物実験実施者の責務	◎◎	◎◎◎	—	—	○
	科学的動物実験：ウェルビーイング	◎◎◎	◎◎	◎◎	◎◎	◎◎◎
	倫理的動物実験：3Rs、給餌、給水制限	◎◎◎	◎◎	◎◎	◎◎	◎◎◎
	安楽死法、人道的エンドポイント	◎◎◎	◎◎	◎◎	○	◎◎
	動物実験操作に関するSOP	◎◎◎	◎◎◎	—	○	◎◎
	投与量、採血量、麻酔法、手術法、鎮痛剤	◎◎	◎◎◎	◎	○	○
	ケージカードに記載する情報	◎◎◎	◎◎◎	◎◎◎	◎◎	◎
	実験動物手技・外科手術トレーニング	◎◎◎	◎◎◎	—	○	◎
	実験担当者の技能の確認	◎◎◎	◎◎◎	○	◎	◎◎◎
実験動物	実験動物管理者の責務	◎◎	○	◎◎◎	◎◎	◎
	遺伝的学的統御、微生物学的統御：SPF動物、バリアシステム	◎◎	○	◎◎◎	◎◎◎	○
	実験動物の取扱いSOP	◎	○	◎◎◎	◎◎◎	—
	実験動物の飼育管理に関するSOP	○	○	◎◎◎	◎◎◎	—
	健康な動物の外観および行動	◎◎◎	◎◎	◎◎◎	◎◎◎	◎
	労働安全・衛生に関する事項	◎◎◎	◎◎	◎◎◎	◎◎◎	◎◎
	動物に関連する危険性（負傷、アレルギー）	◎◎◎	◎◎	◎◎◎	◎◎◎	◎
	実験動物の感染症、人畜共通伝染病	◎◎	◎◎	◎◎◎	◎◎	○
	施設、設備、機器の利用方法に関する事項	◎◎	◎◎	◎◎◎	◎◎◎	○
	施設、設備、機器に関連する危険性	◎◎◎	◎◎	◎◎◎	◎◎◎	○
	環境保全：悪臭、騒音、廃棄物処理	○	○	◎◎◎	◎◎◎	○
	緊急時対応：災害、動物逃亡	◎◎◎	◎◎	◎◎◎	◎◎	◎◎◎

自己点検・評価実施の考え方

　自己点検・評価の実施は、外部検証を受けるためには必須の事項ではあるが、本来の目的は、動物実験実施機関が自社の動物実験体制と機能を点検し、改善点を見つけ出すために行うものである。

　したがって、形式上ではなく役立つ点検とするためには、「説明責任」を示せるような点検が必要。

　そのためには自己点検チェックリスト、自己点検・評価報告書の流れは不可欠であると考える。

　点検チェックリストを理解するために、本資料では「公益財団法人ヒューマンサイエンス振興財団」の認証申請時の提出資料である自己評価報告書を参考にして作成している。また、点検報告書については、国動協の自己点検・評価報告書を参考に記載例を示している。

　厚労省の所管する研究機関／企業以外の文科省／農水省の関連研究機関がこのチェックリストを参照とする場合は、3 省の「基本指針」内容がほぼ同様であるので、本資料のチェックリストを、文科省あるいは農水省所管機関用のチェックリストとするにはこのままで使用できるが、準拠する基本指針の条項順に整理し直すとよい。

記入の留意点：

1. チェックリストの点検内容および根拠資料の項目欄にチェックしながら、また、必要事項を記載しながら順次点検を行う。
2. 点検結果欄の根拠資料は、資料ファイルの有無を確認するのみでなく、調査項目の内容が記載されているか、内容は適正かも確認する。（調査項目のページ番号などを記載しておくと、点検実施の信ぴょう性を高める）
3. 該当しない項目があれば、「いいえ」の項に "該当せず" と記載し空欄にしない。
4. 根拠資料としたものは、□にレ点を記入する。また該当しない資料は資料名に見え消し線を引き資料確認漏れと区別する。
5. なお、本チェックリストは雛形であるので、動物実験実施機関の状況に合わせ語句、内容を変更して用いることが望ましい。
6. すべての点検を終了した後、チェック内容を反映した自己点検・評価報告書（p.69 ～ 75）を作成する。
   自己点検結果を公開する場合は、この自己点検評価報告書、あるいは（p.76 の自己点検概要報告書）を公開する。
7. 外部検証機関の認証調査準備においては、自社の動物福祉体制と機能改善あるいは機能が適正であることを事前に確認する資料として自己点検・評価報告書は役立つ。

自己点検チェックリスト（例）

点 検 実 施 日：_____

点検実施機関名：_____

点 検 施 設 名：_____

点 検 実 施 者：_____

項目	自己点検内容および根拠資料	メモ欄
1 組織	1　実施機関の長の氏名：_____ 2　実施機関の長の役職：_____ 3　動物実験福祉体制は明確か。 「はい」根拠資料：□ 組織図、□ 規程／要領／（その他） 「いいえ」の場合、理由等があれば聞き取り記載：	
1-2 機関内規程 (1)	1　動物実験の具体的な実施方法に関する機関内規程が、実施機関の長によって、下記法令等を踏まえて策定されているか？ 機関内規程名称：_____ 作成日／改定日：_____ □ 動物愛護管理法（環境省） □ 飼養保管基準　（環境省） □「基本指針」（厚労省／文科省／農水省） □ 動物の殺処分に関する指針（環境省） □ その他の動物実験等に関する法令等 　（□日本学術会議ガイドライン） □ その他 □ 序文に動物実験を科学的に行うこと、動物福祉に配慮するという語句がある 「いいえ」の場合、理由等があれば聞き取り記載する。 2　規程には、機関の長が動物実験の実施に関する最終責任者であることが明記されているか？ 「はい」根拠資料：□ 機関内規程（第　　条　　　　） 「いいえ」の場合、理由等があれば聞き取り記載する：	
1-2 機関内規程 (2)	3　下記の機関の長の責務は明記されているか？ 　　「はい」根拠資料：□ 機関内規程（第　　条　　　　） □ 1. 機関内規程の策定（必須） □ 2. 動物実験委員会の設置（必須） □ 3. 動物実験計画の承認（代行可） □ 4. 動物実験計画の実施結果の把握（代行可） □ 5. 教育訓練に関する事項（代行可） □ 6. 自己点検評価および検証に関する事項（代行可） □ 7. 情報公開に関する事項（必須） 明記されていない場合は、その理由を聞き取り記載： 4　機関の長の代行者を置く場合は、その任命と権限委譲内容が明確になっているか？ 「はい」根拠資料：□ 機関内規程　第　　条、 　　　　　　　　　　□ 権限委譲任命書など 代行者名：_____、役職_____ 権限委譲する責務の番号を記載。：_____	

項目	自己点検内容および根拠資料	メモ欄
2-1 動物実験計画	1 外部委託を含む全ての動物実験計画書は動物実験責任者により立案されているか？ 「はい」根拠資料：□ 抜粋動物実験計画書：承認番号 「いいえ」の場合、理由等があれば聞き取り記載する：	
	2 実験を外部委託または共同研究する場合は、委託先・共同研究先が厚生労働省他の定める基本指針への遵守状況を確認しているか？ （ピックアップした動物実験計画書で確認する） 「はい」根拠資料：□ 実験委託先確認報告書、□ 動物実験委員会あり、 □ 動物実験施設調査確認、□ 書面確認、 □ その他（　　　　　　　　）が実験計画書あるいは、委員会議事録から読み取れる 「いいえ」の場合、理由等があれば聞き取り記載する：	
	3 外部委託を含む全ての動物実験計画は、実験開始前に動物実験責任者により（□実施機関の長／□代行者）に申請されているか？ （ピックアップした動物実験計画書で確認する） 「はい」根拠資料：□ 動物実験計画書：承認番号 「いいえ」の場合、理由等があれば聞き取り記載する：	
	4 動物実験委員会の審査を経た後、全ての実験計画は、（□実施機関の長／□代行者）により動物の発注前に承認または却下がなされているか （ピックアップした動物実験計画書で確認する） 「はい」根拠資料：□ 動物実験計画書：承認番号 □ 承認後に動物発注が行われている □ 動物実験発注書 「いいえ」の場合、理由等があれば聞き取り記載する。：	
2-2 動物実験等の実施(1)	1 動物実験計画書は、できる限り代替法を利用することを踏まえて計画され実施されているか。代替法について記載されているか？ （計画書に項目があり記載されていることをチェック） 「はい」根拠資料：□ 動物実験計画書：承認番号 □ 動物を使用する理由が記載されている □ 代替法有無のチェック欄あり □ 代替法の精度が不十分のチェック欄あり □ 実験動物を使用しなければならない理由の記載あり □ より苦痛度の低い実験方法への代替が行われている 「いいえ」の場合、理由等があれば聞き取り記載する：	
	2 動物実験計画書には、使用する動物種、系統、数、遺伝学的・微生物学的統御レベルを記載するようになっているか？ 「様式があり記載されていることをチェック」 「はい」根拠資料：□ 実験目的に適した動物種の選択理由 □ 動物実験成績の精度および再現性を左右する実験動物の数（購入数）□ 遺伝学的および微生物学的品質、 □ 飼養条件　□ 動物実験計画書：承認番号 「いいえ」の場合、理由等があれば聞き取り記載する：	

項目	自己点検内容および根拠資料	メモ欄
	3　動物実験計画書には、実験における1群の動物数（n数）の根拠が記載されるようになっているか？ 「はい」根拠資料：□ 動物実験計画書：承認番号 「いいえ」の場合、理由等があれば聞き取り記載する：	
	4　動物実験計画書には実験処置に対する苦痛度の評価が記載されているか？ 「はい」の場合は5、6、7へ進む 「いいえ」の場合はその理由を聞き取り記載する：	
2-2 動物実験等の実施(2)	5　動物実験計画書には、個々の実験処置について苦痛の評価（SCAWカテゴリー分類等）が評価されているか？ 「はい」根拠資料：□ 動物実験計画書：承認番号 「いいえ」の場合、理由等があれば聞き取り記載する：	
	6　物実験計画書には、個々の処置に対する苦痛度のまとめの評価が（カテゴリー等）されているか？ 「はい」根拠資料：□ 動物実験計画書：承認番号 「いいえ」の場合、理由等があれば聞き取り記載する：	
	7　動物実験計画書には、苦痛の軽減・排除法、人道的エンドポイントおよび動物の処分方法、安楽死処置法が記載されているか？ 「はい」根拠資料：□ 動物実験計画書：承認番号　　□ 鎮痛薬投与、 　　□ 麻酔薬投与、□ 人道的エンドポイント、 　　□ 安楽死法、□ 死の確認法 「いいえ」の場合、理由等があれば聞き取り記載する：	
	8　動物に実験的処置を加え、もしくは生理機能等を測定するための動物実験施設が、以下の事項に配慮して管理されているか。 「ラボツアーで現場の状況確認する」 1）清潔な衛生状態を保つとともに、整理整頓されていること 　　「はい」根拠資料：□ ラボツアーで現場の状況確認 2）その使用目的・内容等に合致した構造、設備をそなえていること 　　「はい」根拠資料：□ ラボツアーで現場の状況確認 3）飼育室内において実験的処置等を行う場合は、飼育中の他の動物への影響をできる限り少なくすること（サル類等への不安感の軽減など）が配慮されているか？ 「はい」根拠資料：□ 飼育室では実験処置は行っていない 　　　　　　　　□ ラボツアーで現場の状況確認 　　　　　　　　□ ケージラックの配置 　　　　　　　　□ 環境エンリッチメントの使用 「いいえ」の場合、理由等があれば聞き取り記載する：	

項目	自己点検内容および根拠資料	メモ欄
2-3 実験実施結果	1　全ての動物実験計画の実施結果が、実験終了後、(□ 実施機関の長 / □代行者) に報告されているか？ 「はい」根拠資料：□ 動物実験終了報告書（番号　　　　　）□ その他 　　　　　　　　　　□ 使用動物数が記載されているか？ 　　　　　　　　　　□ 苦痛の症状は、計画書に書かれたものであったか？ 　　　　　　　　　　□ 実験は、計画書通り行われたか？ 　　　　　　　　　　□ 報告された実験は PAM の対象であったか？ PAM が行われていた場合、報告書は PAM の結果と整合しているか 「いいえ」の場合、理由等があれば聞き取り記載する：	
	2　(□実施機関の長／□代行者) は、動物実験責任者からの報告を受け、必要に応じて適正な動物実験等の改善措置を講じているか？ 「はい」根拠資料　□ 動物実験終了報告書：番号 「いいえ」の場合、理由があれば聞き取り記載する：	
3 動物実験委員会 (1)	1　動物実験委員会が実施機関の長により設置されているか？ 「はい」根拠資料：□ 動物実験委員会規定 　　　　　　　　　□ 動物実験委員会組織図 「いいえ」の場合、理由等があれば聞き取り記載する： 委員会規定には、委員は、自分あるいは自部署の実験計画の審査に当たってはならない（※）旨の記載があるか 　　　　　　　　□ あり、□ なし （※）委員会が必要とする情報は提供してよい。 以下の場合は不可 自分の研究と競合する研究の審査 委員の個人的偏見が公正な判断を妨げる場合	
	2　委員は (□実施機関の長／□代行者) により下記に掲げる者から任命されているか？ □ (1) 動物実験等に関して優れた識見を有する者 □ (2) 実験動物に関して優れた識見を有する者 　　　識見の根拠資料／教育歴（　　　　　　　　） □ (3) その他学識経験を有する者 □ 外部委員 「はい」根拠資料：□ 任命書、□ 委員名簿、 　　　　　　　　　委員の選出分野人数 (1)　　名、(2)　　名、(3)　　名 「いいえ」の場合、理由等があれば聞き取り記載する：	

項目	自己点検内容および根拠資料	メモ欄
	3　動物実験委員会は、（□ 実施機関の長 / □ 代行者）の諮問を受けて、動物実験計画が厚労省基本指針および機関内規程に適合しているか否かの審査を行っているか？ 「はい」根拠資料：□ 動物実験計画書様式　□ 動物実験委員会議事録 具体的には以下の1～9の全項目について適合しているかを審査し、確認する。 1　動物実験の目的と意義が明確にされているか。 　（基本指針にはない項目であるが昨今重要視されている事項）： 「はい」根拠資料：□ 動物実験計画書	
3 動物実験委員会 (2)	2　できる限り代替法を利用することを踏まえて動物実験等が計画され実施されていること。 「はい」根拠資料：□ 動物実験計画書　□ チェックボックスで表示 　　　　　　　　□ 動物を使用しなければならない理由の記載	
	3　以下の事項を考慮して動物実験等が計画され実施されているか？ 　実験計画書番号： (1) 動物実験等の目的に適した実験動物種の選定 　「はい」根拠資料：□ 動物実験計画書に記述項目あり (2) 動物実験成績の精度および再現性を左右する実験動物の数 　「はい」根拠資料：□ 動物実験計画書に記述項目あり 　　　　　　　　　□ 一群の動物数記載あり 　　　　　　　　　□ 統計学的手法の記載あり (3) 遺伝学的および微生物学的品質ならびに飼養条件 　「はい」根拠資料：□ 動物実験計画書に記述項目あり	
	4　以下の法律等における苦痛の軽減に係る規定を踏まえ、科学上の利用に必要な限度においてできる限り実験動物に苦痛を与えない方法による動物実験等が計画され実施されているか？ (1) 動物愛護管理法 (2) 飼養保管基準 (3) 動物の殺処分方法に関する指針 「はい」根拠資料：□ 動物実験計画書に苦痛度軽減の項目あり 　　　　　　　　　□ 動物実験計画書に人道的エンドポイント記載 　　　　　　　　　□ 動物実験計画書に安楽死処置の項目あり 人道的エンドポイントの記載 □ 指標とする症状とその程度およびそれらの観察につい具体的にて記載されている □ 記載が不十分 □ 教育を必要とする 「いいえ」の場合、理由等があれば聞き取り記載する：	

項目	自己点検内容および根拠資料	メモ欄
3 動物実験委員会 (3)	5　動物実験委員会は、動物実験計画書の審査結果を（□ 実施機関の長／□ 代行者）に報告（答申）しているか？： 「はい」根拠資料：（□ 動物実験計画書、□ 審査報告書） 　　　　　　　　　□ 計画書、報告書には、機関の長等の承認・非承認が記載されている 「いいえ」の場合、理由等があれば聞き取り記載する：	
	6　□ 実施機関の長／□ 代行者は、動物実験計画の実施結果の報告を受けているか？ 「はい」根拠資料：（□ 動物実験終了報告書に確認のサインあり） 「いいえ」の場合、理由等があれば聞き取り記載する：	
	7　動物実験委員会は、機関の長の依頼を受け、必要な助言を行っているか？ 「はい」根拠資料：□ 指導・助言書 「いいえ」の場合、理由等があれば聞き取り記載する：	
	8　動物実験委員会は、承認された実験の実施が計画書通り行われているか、必要に応じて実験に立ち会っているか？ （Post Approval Monitoring：PAM） 「はい」根拠資料：□ 実験承認後の調査報告書 「いいえ」の場合、理由等があれば聞き取り記載する：	
	9.動物実験委員会は、委員会委員へ動物実験計画書の審査に関する教育を実施しているか？ 「はい」根拠資料：□ 動物実験委員会員の教育記録書 　　　　　　　　　□ 教育計画 教育の内容： 　□ 法令・指針・規程に関する事項、□ 審査方法、□ 実験承認の流れ、 　□ 実験動物の苦痛度判断、□ 苦痛の軽減法、□ 人道的エンドポイント、 　□ 安楽死法、□ 3Rs に関する事項、□ 麻酔方法、□ 安全に関する事項、 　□ PAM 教育方法： 　□ 委員会への参加、□ 講義、□ e- ラーニング、□ 外部研修、 　□ 資料集配布 「いいえ」の場合、理由等があれば聞き取り記載する：	

項目	自己点検内容および根拠資料	メモ欄
4 安全管理	とくに注意を払う必要のある物理的・化学的な材料、病原体または遺伝子組換え生物等を用いる動物実験など、人および実験動物の安全・健康、周辺環境および生態系に影響を及ぼす可能性のある動物実験等を実施する場合には、関係法令等の規定および施設ならびに設備の状況を踏まえた上で、以下のことが配慮されているか？ 「ラボツアーで現場の状況確認する」 動物実験実施者の安全確保および健康保持が配慮されているか 「はい」根拠資料：□ ラボツアーで現場の状況確認、 　　　　　　　　　□ 健康診断予定、□ 健康診断書 以下についても点検する 　□ 人・動物に対する発癌性、肝障害などが知られている薬剤、化学物質の使用有無 　□ 毒性未知化学物質の使用有無 　□ 吸入麻酔の排気装置、処理装置有無 　□ 使用済み注射針等の安全廃棄容器 　□ 保護具着用有無 　□ ケージ洗浄室における薬剤の取扱い時の安全 　□ ケージ洗浄室における使用済みケージからの飛散粉塵への安全対応 (1) 施設周辺の公衆衛生、生活環境および生態系の保全上の支障への防止が配慮されているか。 　　「はい」根拠資料：□ラボツアーで現場の状況確認 (2) 飼育環境の汚染による実験動物への傷害防止が配慮されているか。 　　「はい」根拠資料：□ラボツアーで現場の状況確認 「いいえ」の場合、理由等があれば聞き取り記載する：	
5 飼養保管 (1)	飼育環境の微生物制御等の科学的観点から、動物実験等に必要な飼養および保管方法を踏まえ、飼養および保管が適切に行われていることを以下の項目について確認する。 「この項目は、「はい」の根拠資料を確認するとともに、実験動物使用保管施設に出向いて状況を確認する」 実験動物管理者：＿＿＿＿＿＿＿＿＿＿＿＿＿（実験動物管理者研修の有・無） 飼育管理責任者：＿＿＿＿＿＿＿＿＿＿＿□所員、□受託または派遣 施設獣医師：＿＿＿＿＿＿＿＿ 飼育管理作業の分担：□ 全て研究者、□ 自社動物管理部門、□ 全て委託、 　　　　　　　　　　□ 洗浄作業のみ委託 給水方法：□ 給水ビン、□ 自動給水 給水状態、漏水の確認：□ 午前、□ 午後 給水ビン交換頻度：　　　回／週 自動給水フラッシング：□ 午前、□ 午後 飼育記録：□ 日報、□ 週 報、□ 月報、□ 異常の連絡先 （　　　　　　　　　　　　　　　） □ 責任者のチェック	

項目	自己点検内容および根拠資料	メモ欄
5 飼養保管 (2)	1　実験等の目的の達成に支障を及ぼさない範囲で実験動物種、日 / 月 / 年齢毎に適切な給餌・給水が行われているか？ 「はい」根拠資料：□ 作業手順書、□ 飼育日報等、□ 実験記録等、 　　　　　　　　 □ ラボツアーで現場の状況確認 「いいえ」の場合、理由等があれば聞き取り記載する： 飼料の保管期間：□ 飼料分析表 　　　　　　　 □ 水質検査記録　　検査頻度：　　　　回／年 　　　　　　　　　　　　　　　　検査項目：　　　　項目 　　　　　床敷の種類　　　　交換頻度： 　　　　　ケージタイプ：　　交換頻度： 床敷有害汚染物質分析表	
	2　実験動物の（実験目的以外の）傷害または疾病の予防に必要な健康管理ならびに（実験等の目的の達成に支障を及ぼさない範囲で）傷害および疾病の適切な治療が行われているか？ 「はい」根拠資料：□ 異常動物の取扱い手順書、□ 飼育日報 　　　　　　　　 □ 動施設の動線が設定されている、□ 図面がある 　　　　　　　　 □ 微生物モニタリングの頻度 　　　　　　　　 （　　　　　　　　　　　　　　　） 　　　　　　　　 □ モニタリングの記録、□ 管理責任者のサイン 　　　　　　　　 □ 生産場の微生物検査成績表、□ 責任者の確認サイン、 　　　　　　　　 □ 治療記録等、□ その他 「いいえ」の場合、理由等があれば聞き取り記載する：	
5 飼養保管 (3)	3　実験動物導入時の検疫・馴化ならびに隔離飼育等により、実験動物および飼養者等の健康、安全の保持に努めているか？ 「はい」根拠資料：□ 手順書、□ 動物検収記録、□ 検疫記録等、 　　　　　　　　 □ 隔離飼育記録、□ SPF 病原体の明示、□ その他 「いいえ」の場合、理由等があれば聞き取り記載する：	
	4　異種または複数の実験動物の同一飼育施設内での飼養保管は、（実験等の目的の達成に支障を及ぼさない範囲で）その組み合わせを考慮した収容が行われているか？ 「はい」根拠資料：□ 飼育手順書：番号 　　　　　　　　 □ ラボツアーで現場の状況確認 「いいえ」の場合、理由等があれば聞き取り記載する：	
	5　実験動物の輸送時には、実験動物の疲労および苦痛をできるだけ軽減するために、輸送時間、給餌・給水、換気、温度ならびに異種動物間の区分を適切に行っているか？ 「はい」根拠資料：□ 手順書：番号 　　　　　　　　 □ 輸送・配送記録、□ その他 「いいえ」の場合、理由等があれば聞き取り記載する：	

項目	自己点検内容および根拠資料	メモ欄
	6　実験動物が、(実験等の目的の達成に支障を及ぼさない範囲で) 日常的な行動を容易に行うことができる施設で飼養保管されているか？ 「はい」根拠資料：□ ラボツアーで現場の状況確認 　　　　　　　　　□ ケージサイズ（　　　　　　　　　　　　） 　　　　　　　　　□ ケージ内へ収容する動物数の記載：SOP 番号 　　　　　　　　　□ 日常の動物数と状態の観察：SOP 番号 　　　　　　　　　□ 単独飼育／ケージ動物に対し、飼育等に必要最低限な物以外にエンリッチメントの配慮：SOP 番号 　　　　　　　　　□ エンリッチメントに対する文書、 　　　　　　　　　□その他（　　　　　　　　　　　　　　） 　　　　　　　　　□ サル、イヌ、ブタに対する社会的エンリッチメントの配慮あり 　　　　　　　　　□ 該当せず　□ グループハウジング実施（　　　　） 　　　　　　　　　□ 該当せず　□ 運動、トレーニング（　　　　　） 　　　　　　　　　□ 該当せず 「いいえ」の場合、理由等があれば聞き取り記載する：	
5 飼養保管 (4)	7　実験動物が、(実験等の目的の達成に支障を及ぼさない範囲で) 過度のストレスがかからないよう、適切な温度、湿度、換気、明るさを保つことができる構造の施設で、飼養保管されているか？ 「はい」根拠資料：□ 空調記録、□ 温度・湿度記録、□ 飼育日報など、 　　　　　　　　　□ ラボツアで現場の状況確認、 　　　　　　　　　□ その他 「いいえ」の場合、理由等があれば聞き取り記載する：	
	8　施設の天井、床、内壁および付属設備は、衛生状態の維持、管理が容易な構造とし、実験動物が、突起物、穴、くぼみ、斜面等により傷害等を受けるおそれのない構造となっているか？ 「はい」根拠資料：□ ラボツアーで現場の状況確認 　　　　　　　　　□ その他 「いいえ」の場合、理由等があれば聞き取り記載する：	
	9　動物施設は、外部から微生物や昆虫、野生動物が侵入できない構造であるか □ 出入り口、建物周囲をラボツアーで確認 □ 一般区域からバリア区域への物品搬入法手順書	
	10　実験動物の逸走防止策の実施、逸走した場合の措置等があらかじめ定められているか。 「はい」根拠資料：□ ラボツアーで現場の状況確認、 　　　　　　　　　□ 手順書／マニュアル、□表示、□ねずみ返し、 　　　　　　　　　□ のぞき窓　□ 二重扉＋整理整頓、 　　　　　　　　　□ その他（　　　　　　　　　　　　　　） 　　　　　　　　　□ ケージ交換時の床敷内点検 「いいえ」の場合、理由等があれば聞き取り記載する：	

項目	自己点検内容および根拠資料	メモ欄
5 飼養保管 (4)	11 実験動物の汚物の処理、微生物等による環境の汚染、悪臭・害虫の発生の防止、騒音の防止に配慮しているか？ 「はい」根拠資料：□ ラボツアーで現場確認、□ 手順書、 　　　　　　　　□ その他 「いいえ」の場合、理由等があれば聞き取り記載する：	
	12 病原体、放射線、組換え動物の取扱い施設では、実験動物が逸走しない設備および危険を伴うことなく作業ができる施設を整備しているか？ 「はい」根拠資料：□ ラボツアーで現場の状況確認、 　　　　　　　　□ ネズミ返し、□ 表示、□ 2重扉、□ 排水溝ふた、 　　　　　　　　□ 逸走できない構造、□ 施設は陰圧制御 「いいえ」の場合、理由等があれば聞き取り記載する：	
5 飼養保管 (5)	13 実験動物に由来する人の疾病の予防のための健康管理を行っているか？ 「はい」根拠資料：□ 健康診断計画等、 　　　　　　　　□ 教育による微生物学的管理周知、□ 教育記録 　　　　　　　　□ 人獣共通伝染病の講習会周知、□ 教育記録 「いいえ」の場合、理由等があれば聞き取り記載する：	
	14 実験動物の記録管理を適正に行っているか？ 「はい」根拠資料：□ 手順書、□ 注文書確認、 　　　　　　　　□ 納品書確認、□ 使用記録確認、□ その他 「いいえ」の場合、理由等があれば聞き取り記載する：	
	15 実験等に関係のない者が実験動物に接することのない措置が講じられているか？ 「はい」根拠資料：□ ラボツアーで現場の状況確認、 　　　　　　　　□ 表示確認、□ 入室記録、 　　　　　　　　□ セキュリティ（　　　　　　　　　　　）、 　　　　　　　　□ フェンス、□ 監視カメラ 「いいえ」の場合、理由等があれば聞き取り記載する：	
	16 停電時に空調、給水などを維持するための対応はとられているか？ 「はい」根拠資料：□ 手順書、□ マニュアル等 「いいえ」の場合、理由等があれば聞き取り記載する：	
	17 地震、火災等の緊急時に採るべき措置をあらかじめ作成しているか？ 「はい」根拠資料：□ 手順書、□ マニュアル等、□ 連絡先表示 「いいえ」の場合、理由等があれば聞き取り記載する：	

項目	自己点検内容および根拠資料	メモ欄
6 教育訓練	実施機関の長により、□ 動物実験実施者、□ 実験動物の飼養または保管等に携わる者（飼育管理技術者）に下記の教育訓練を実施しているか？ □ 適正な動物実験等の実施および実験動物の適切な飼養および保管に関する知識を修得させるための教育訓練 □ 動物実験実施者、飼育管理実施者の資質向上を図るために必要な措置 「はい」根拠資料：□ 手順書、□ マニュアル等確認、 　　　　　　　　　□ 教育計画確認、 　　　　　　　　　□ 教育項目に動物実験の基本事項（環境管理、飼育管理、衛生管理、安楽死処置等）、 　　　　　　　　　□ 動物の取扱い研修、□ 実験実技研修、 　　　　　　　　　□ 法令等に関する事項、□ 苦痛軽減に関する事項、 　　　　　　　　　□ 安全確保に関する事項、 　　　　　　　　　□ 施設等の利用に関する事項 　　　　　　　　　□ 実施と教育内容の記録、□ 教育参加者名簿等、 　　　　　　　　　□ 教育個人記録、□ OJT 記録、□ 技能検定記録、 　　　　　　　　　□ 日動協実験動物技術者認定証 「いいえ」の場合、理由等があれば聞き取り記載する：	
7 自己点検	実施機関の長により、実施機関における動物実験等が□ 厚労省基本指針、および□ 機関内規程に適合しているか否かの自己点検および評価を定期的に行っているか？ 「はい」根拠資料：□ 自己点検実施マニュアル等、 　　　　　　　　　□ 自己点検評価チェック表、□ 自己点検評価報告書、 　　　　　　　　　□ 改善事項の対応状況、□ 対応報告書 「いいえ」の場合、理由等があれば聞き取り記載する：	

動物実験体制自己点検・評価報告書の作成

この報告書は、自己点検評価チェック表に基づいて作成する。

報告書の表、1の評価結果欄は、いずれかのボックスを塗りつぶす。
1番目のボックスを塗りつぶしたときは、3の評価結果の判断理由欄に<u>適正に行われている内容が記載</u>できなければならない。

2番目以降のボックスを塗りつぶしたときは、3の欄に<u>改善すべき点を記載</u>し、4の欄に<u>改善の方針を記載</u>しなければならない。

報告書の表、2の自己点検の対象とした資料欄には、チェック表で根拠資料として内容を確認したもののタイトルを記載する。手順書等については、個々の名称を記入あるいは飼育管理関連手順書のようにまとめたものとする。

報告書の各項目名および番号とチェック表との対比は、下表に示した。

自己点検評価報告書		チェック表	
1	機関内規程および組織体制の整備状況	1-1 1-2	組織 機関内規程
2	動物実験の体制と実施状況	2-1 2-2 2-3	実験計画 動物実験等の実施 実験実施結果
3	動物実験委員会の整備状況と機能	3	動物実験委員会
4	安全管理に配慮を要する動物実験の実施体制	4	安全管理
5-1 5-2	動物実験施設等の維持管理の状況 飼養保管の体制と状況	5	飼養保管
6	教育訓練の実施状況	6	教育・訓練
7	自己点検・評価の実施状況	7	自己点検
8	情報公開の実施状況	8	情報公開
9	その他	9	第三者検証

本自己点検評価報告書は、国動協・公私動協の相互検証プログラムにおける動物実験に関する自己点検・評価報告書の様式を参考にした。

XXXX（機関の長）殿

動物実験に関する自己点検・評価報告書（記載例）

201X 年 XX 月 XX 日

以下のように点検評価結果を報告します。

報告者：

自己点検実施日：

点検者：

点検施設名

対応者名：機関の長（　　）、動物実験委員会委員長（　　）、実験動物管理者（　　）……

第三者認証：なし、あり（認証日：　　　　　　　、認証機関名：　　　　　　　　）

GLP 施設：　該当、　非該当

> 実験動物管理者は「基本指針」には出てこない用語であるが、「飼養保管基準」（法令）に記載されている用語であるので、任命が必要

点検評価結果

文中の文字は記載例

網掛け部分は、一部不適正評価の記載例

1. 機関内規程および組織体制の整備状況

1）評価結果 　■厚生労働省の基本指針に適合する動物実験に関する機関内規程が定められている。 　■機関内規程は定められているが、一部に改善すべき点がある。 　□機関内規程が定められていない。
2）自己点検の対象とした資料 　・xxxx 株式会社動物実験実施規程
3）評価結果の判断理由 　当社は、XX 研究センター長を動物実験実施機関の長とし定めている。機関の長は厚生労働省が策定した動物実験に関する基本指針を遵守した機関内規程「XXXX 株式会社動物実験実施規程」を策定している。これに基づき、動物実験の実施、実験動物の飼育保管の実施を実施している。また、安全管理に関する各委員会が法令等に横断的にかつ敏速に対応できるよう組織を構築している。 　規程の内容および運営に一部改善の必要がある。
4）改善の方針 　・該当事項なし。 　・規程の内容をそれぞれ親規程に当たる主要部分、委員会規定などの子規定に当たる部分、手順書に当たる部分に整理することにより、各々の内容を明確化し運用を容易にできるようにすること。 　・規程に機関の長の責務の項を作成し、責務をまとめて記載し、明確にする。 　・機関の長の責務の一部を代行に委任する場合、委任する責務を明確にすること。 　・実験計画終了後の報告書の3Rs についての記載内容その他が問題なく実験が終了したことを委員会に確認させ、機関の長（代行）が確認すること。

2. 動物実験委員会の整備状況と機能

1) 評価結果 ■ XXXX 株式会社　動物実験実施規程に適合した動物実験委員会が置かれ機能している。 ■動物実験委員会は置かれているが、一部に改善すべき点がある。 □動物実験委員会は置かれていない。
2) 自己点検の対象とした資料 ・XXXX 株式会社　　動物実験実施規程 ・XXXX 株式会社　　動物実験委員会規定 ・XXXX 株式会社　　動物実験計画審査・承認手順 ・XXXX 株式会社　　実験計画変更審査・承認基準 ・XXXX 株式会社　　承認後の動物実験の実施状況の現場確認手順 ・XXXX 株式会社　　動物実験処置と苦痛度レベル判断基準 ・XXXX 株式会社　　苦痛の軽減法および人道的エンドポイント適用基準 ・XXXX 株式会社　　実験動物安楽死処置基準と手順 ・XXXX 株式会社　　動物実験委員会議事録
3) 評価結果の判断理由 ・動物実験委員会は、規定通りの 3 分野の委員構成で設置されている。 ・動物実験実施体制が組織図として作成され、動物実験委員会の位置付けが明確である。 ・委員会は、委員会規定に基づき開催されて、定められた機能を果たしている。 ・実験計画、飼育施設利用等の審査は委員会の開催時、また随時メール／回覧による審議を実施している。さらに、委員の計画書に関するコメントへの意見交換も適宜メールで行うことで、迅速に対応している。これらは、審査記録、議事録として残されている。 ・委員会委員の教育訓練も適正に行われている。 ・委員は 3 部門から構成されているが、研究室長など組織の長の立場のメンバーから構成されている場合、委員会での意見が出にくい状況が見られる。 ・動物実験計画書様式において 3Rs に関す記載の求め方が不十分である。 ・計画書内容が審査された記録がない。⇒審査されたと証拠が示せない。 ・委員から出された計画書記載内容に関するコメントへ対する委員間の意見交換がされていない。 ・委員の関与する実験計画の審議から外れる旨の記載がない。 ・委員が自分の所属する部門の計画内容の説明者になっている場合がある。 ・計画書審査の状況（コメントについての討議など）が審査記録、議事録として残されていない。 ・計画変更に対する審査基準（軽微変更、重大変更）が作成されていない。 ・計画書の承認を委員会が行っている。 　　　⇒承認可として答申または報告、機関長承認とすべき 　　　⇒実験計画書は機関内規程に適合している。 ・諮問と答申、審査依頼と審査結果の報告 ・委員会の機能を果たすべき委員の教育訓練が行われていない。
4) 改善の方針 ・該当事項なし ・基本指針を参考に委員の構成を検討すること ・組織図に動物実験委員会の位置づけを明らかにすること。 ・実験計画書の様式の 3Rs に関する項目記載法の明確化と教育訓練を再吟味すること。 　チェックリストを用いるなど計画書審査方法を検討すること。 　審査過程、結果の記録方法を再検討すること。 　委員会の審査結果は、承認とすべきでない。⇒例 "規程" に適合とする。 　（承認は機関の長） ・委員の計画書の審査に関して意見交換をし、記録に残すこと。 ・計画書審査の状況を審査記録、議事録として残すこと。 ・委員会の機能のレベルアップを図るため委員の教育訓練を行うこと。

3. 動物実験施設等の維持管理の状況
　（機関内の施設等は適正な維持管理が実施されているか？　修理等の必要な施設や設備に、改善計画は立てられているか？）

1) 評価結果 ■ XXXX 株式会社動物実験実施規程に適合し、適正に維持管理されている。 ■概ね良好であるが、一部に改善すべき点がある。 □多くの改善すべき問題がある
2) 自己点検の対象とした資料 　・動物実験施設管理体制組織図 　・飼育管理日報（作業、動物・空調の状態、清掃消毒、機器・設備の状態の記録） 　・環境検査報告書 　・定期微生物検査成績 　・オートクレーブ点検結果報告書
3) 評価結果の判断理由 　当施設では、組織図により役割分担を明確にし、定期的に環境調査、飼育動物の微生物感染検査（年4回、SFP 管理区域内）を実施し、飼育室内の環境、微生物汚染の有無をモニターしている。また、施設管理者（委託業者）により、温度、湿度、静圧、飼育室への入退出（SPF 区域へは別途）は、常時モニターしている。また、異常時には警報が出るとともに、実験動物管理者に連絡が入る体制をとっており、必要に応じて施設管理責任者に電話連絡できる体制ができている。空調機（飼育施設への換気）のためのヘパフィルターを1年に一度交換し、それと同時に落下細菌検査も実施している。 動物施設の収容動物数が多く環境コントロールがたびたび乱れている。
4) 改善の方針 　該当事項なし 収容限界に近づいた動物実験施設の増改築を早急に実施する。

4. 動物実験の実施体制と実施状況

1) 評価結果 ■ XXXX 株式会社　動物実験実施規程に適合し、動物実験の実施体制が定められている。 ■動物実験の実施体制が定められているが、一部に改善すべき点がある。 □動物実験の実施体制が定められていない。
2) 自己点検の対象とした資料 　・XXXX 株式会社　　動物実験実施規程 　・XXXX 株式会社　　動物実験委員会規定 　・動物実験計画 　・動物実験終了報告書 　・動物実験変更申請書
3) 評価結果の判断理由 　・実験責任者は XXXX 株式会社　動物実験実施規程等に基づき、実験計画を立案し、動物実験計画書を作成している。動物実験計画書の審査に当たっては、事務局での書式のチェック、各研究室での事前審査、動物実験委員会での審査と3段階で行っており、必要に応じて修正やコメントを求めている。重要な修正においては、再審査を行うことにより、動物実験実施規程等に則した審査を実施し、動物実験委員会の諮問を受け、機関の長が承認している。承認後、実験責任者により実験は実施され、終了後は結果報告書を機関の長に提出している。 　・承認の前に動物発注が行われている。 　・実験処置に対する苦痛度の軽減が考慮されていない。 　・動物実験実施報告書の提出が確認されていない。 　・安楽死処置の実施場所の換気が配慮されていない。 　・実験終了後の動物を再利用する場合の理由について審議すること。
4) 改善の方針 　該当事項なし 　・動物発注は、機関の長の計画書承認後に行うように規程に明文化すること。 　・実験処置の結果に対する苦痛度の軽減処置や人道的エンドポイントについて明文化すること。 　・動物実験終了報告書の提出までが動物実験責任者の責務であることを周知すること。 　・気化麻酔薬使用場所の局所排気または吸収装置を検討し、暴露防止を図ること。

5. 実験動物の飼養保管の体制と状況
   （実験動物管理者の活動は適切か？　飼養保管は飼養保管手順書等により適正に実施されているか？）

1）評価結果 　■XXXX株式会社　動物実験実施規程や動物実験施設標準作業手順書を順守し実験動物の、適正な飼養保管が行われている。 　■概ね良好であるが、一部に改善すべき点がある。 　□多くの改善すべき問題がある。
2）自己点検の対象とした資料 　・XXXX株式会社　　動物実験実施規程 　・XXXX株式会社　　動物実験委員会規定 　・XXXX株式会社　　動物実験施設利用規則（利用マニュアル） 　・XXXX株式会社　　動物実験施設標準作業手順書（作業マニュアル） 　・施設管理業務作業日報 　・動物搬入記録 　・検疫記録 　・安楽死記録 　・廃棄記録
3）評価結果の判断理由 　　実験動物管理者は、常時施設職員、委託飼養業者と連絡を取り、飼養保管についての業務内容の把握と改善に努めている。飼養および保管については、XXXX株式会社実験動物飼養保管施設および動物実験室の設置に関する規定に基づいて行われている。それぞれの動物実験施設、動物実験室については管理者である施設長、管理責任者および実験動物管理者が管理している体制をとっている。また、飼養保管の状況が確認できる飼育日報その他の記録類が整備され、管理者による記載確認後整理され保管されている。 　・飼養保管の状況を確認するための飼育日報その他の記録類が整備されていない。また、管理者による記載確認後整理して保管されていない。 　・作業等を実施したことが明確にできる記載方法について周知されていない。 　・動物の飼養状況の記録がない。 　・実験終了後の動物を再利用する場合の基準を作成すること。
4）改善の方針 　該当事項なし 　・飼養保管の状況を確認するための飼育日報その他の記録類を整備すること。また、管理者による記載確認後整理して保管すること。 　・以上の記録のみでなく、異常なしの記録を残すこと。 　・作業等を実施したことが明確になる記載方法について統一して周知すること。 　・動物種ごとに飼養状況の記録（動物数）を残すこと。

6. 安全管理に注意を要する動物実験の実施体制

1) 評価結果
■該当する動物実験の実施体制が定められている。
■該当する動物実験の実施体制が定められているが、一部に改善すべき点がある。
□該当する動物実験の実施体制が定められていない。
□該当する動物実験は、行われていない。

2) 自己点検の対象とした資料
・XXXX 株式会社　　動物実験実施規程
・XXXX 株式会社　　動物実験委員会規定
・XXXX 株式会社　　遺伝子組換え実験実施規則
・XXXX 株式会社　病原性微生物等安全管理規定
・XXXX 株式会社　　放射線安全委員会規定
・遺伝子組換え生物等の譲渡・授受に関する申請書等（搬入・搬出）
・動物実験計画書
・動物実験履行結果報告書

3) 評価結果の判断理由
・安全管理に注意を要する動物実験の実施体制が規程により定められている。また、動物実験計画書に組換え DNA 実験等に関する申請承認状況を記載する項目が設けられており、両計画書が承認されなければ実験が行えない体制が作られている。
・安全管理を要する動物実験の実施体制が適正に実施されている。
・法令等に基づく教育訓練（「遺伝子組換え実験安全実施講習会」、「病原性微生物等安全管理のための講習会」、「放射線業務従事者に対する教育および訓練」）が当該実験等従事者を対象に毎年開催されており、適正な実験実施のために必要な措置が講じられている。
・人獣共通伝染病についての教育が行われている。
・実験中の事故やケガ例と対応について教育が行われている。
・人獣共通伝染病についての教育が実施されていない。
・実験中の事故やケガ例と対応についての教育が行われていない。
・保護メガネ、その他の防護具を用意し、着用を徹底していない。
・実験動物が逃亡したときの対応についてのマニュアルを作成し周知していない。
・災害時の対応マニュアルがない。

4) 改善の方針
該当事項なし
・人獣共通伝染病についての教育を実施すること。
・実験中の事故やケガ例と対応について教育を行うこと。
・保護メガネ、その他の防護具を用意し、着用を徹底すること。
・実験動物が逃亡したときの対応についてのマニュアルを作成し周知すること。
・災害時の対応マニュアルを作成し、訓練を行うこと。

7. 教育訓練の実施状況

1) 評価結果 ■ XXXX 株式会社　動物実験実施規程に適合し、適正に実施されている。 □ 概ね良好であるが、一部に改善すべき点がある。 □ 多くの改善すべき問題がある。	

2) 自己点検の対象とした資料
　　・XXXX 株式会社 教育訓練計画書
　　・動物実験関係者教育訓練セミナー出席者リスト
　　・動物実験 DVD 教育訓練実施報告書
　　・社外教育訓練報告書
　　・社内教育訓練報告書
　　・社内実験技術認定書
　　・教育訓練個人記録

3) 評価結果の判断理由（改善すべき点や問題があれば、明記する。）
　　・動物実験実施者等に対する教育訓練は、機関の長の責務として動物実験委員会が主催している。
　　・動物実験実施者は、定期的に実施される動物実験教育を受講することが義務付けられている。
　　・教育訓練を収録した DVD を随時視聴することで、教育訓練を受講したものとして扱っている。
　　・教育訓練受講者にのみ、動物実験と飼育施設利用の許可を与えている。
　　・動物管理責任者に対する管理者としての技能教育の機会が少ない。
　　・Refinement 実施のため、動物実験実施者の技術訓練が不十分で記録もない。
　　・実験動物飼養者（飼育管理技術者）への技能教育を実施が不十分である。
　　・OJT が計画的に行われていない。

4) 改善の方針
　　該当事項なし
　　・動物管理責任者に対する教育訓練の機会を設けること。
　　・Refinement 実施のため、動物実験実施者の技術訓練を実施し記録すること。
　　・実験動物飼養者（飼育管理技術者）への技能教育を実施すること。

8. 自己点検・評価の実施状況
　　（XXXX 株式会社　動物実験実施規程への適合性に関する自己点検・評価関連事項を実施しているか？）

1）評価結果 ■ XXXX 株式会社　動物実験実施規程に適合し、適正に実施されている。 ■概ね良好であるが、一部に改善すべき点がある。 □多くの改善すべき問題がある。
2）自己点検の対象とした資料 　　XXXX 株式会社　　動物実験に関する自己点検評価チェック表 　　XXXX 株式会社　　動物実験に関する自己点検評価報告書 　　XXXX 株式会社　　動物実験実施規程 　　XXXX 株式会社　　動物実験委員会規定 　　XXXX 株式会社　　動物実験施設使用マニュアル 　　XXXX 株式会社　　動物実験施設作業手順書 　　その他規定、マニュアルなど
3）評価結果の判断理由（改善すべき点や問題があれば、明記する） 　・自己点検・評価は、動物実験委員会委員とそれ以外のメンバーからなるワーキンググループにより、XXXX 年 XX 月から実施されている。同報告書の改善事項は、機関の長から改善命令が出され、動物実験委員会を中心に検討され改善が進められ、機関の長へ報告されている。 　・自己点検評価は行われているが、具体的にどの資料の何をもって評価をしたか根拠が外部の第三者にもわかるようになっていない。（公表は前提にせず） 　・委員会の構築は、評価されているが、計画書を審査するという機能の評価がなされていない。
4）改善の方針 　　該当事項なし 　・具体的にどの資料の何をもって点検・評価をしたか根拠がわかるようにすること。 　・計画書を審査するという委員会の機能を実行するために審査チェックリストなどの作成を検討すること。

9. 情報公開の実施状況
　　（基本指針への適合性に関する関連事項の情報公開を実施しているか？）

1）評価結果 ■ XXXX 株式会社　動物実験実施規程に適合し、適正に実施されている。 ■概ね良好であるが、一部に改善すべき点がある。 □多くの改善すべき問題がある。
2）自己点検の対象とした資料 　　XXXX 株式会社　Web サイト 　　なし
3）評価結果の判断理由（改善すべき点や問題があれば、明記する。） 　・XXXX 年 XX 月に Web サイトを開設し、社外に動物実験に関する情報（動物実験に対する取組、3Rs への対応などを）を公開している。 　・会社の環境報告書（CSR 報告書）に動物実験の項目を載せ、3 Rs への取り組み、委員会設置などについて掲載している。 　・情報公開をしていない。 　・機関内規程については情報公開していない。
4）改善の方針 　　動物実験関連情報を Web サイトを利用して公開すべく、公開内容を検討すること。基本指針に基づけば、XXXX 株式会社　動物実験実施規程は公開の対象となるので、規程の内容を検討すべきである。

10. その他（動物実験の実施状況において、機関特有の事項など）

とくになし

XXXX 株式会社　　　　　　　　　　　　　　　　　　　　　平成 XX 年 XX 月 XX 日

社長（動物実験実施機関の長）　　　　　　　　　　　報告者：動物実験員会委員長
XXXX 殿　　　　　　　　　　　　　　　　　　（または動物実験自己点検評価実施者）

平成 XX 年度　自己点検・評価結果概要書

動物実験施設名：XXXX 株式会社 XXX 研究所

自己点検評価の実施日：

自己点検評価の実施者：

点検対応者：

評価結果：

☐　厚生労働省の基本指針と会社規程を遵守し、動物実験体制が適正に構築され、機能しており、
　　動物実験が科学性と動物福祉に配慮し実施されている。

☐　動物実験体制が構築され機能しているが、一部に改善すべき点がある。

☐　多くの改善すべき点がある。

1. 自己点検・評価を行い確認できた主な事項
   1)
   2)

2. 改善事項
   1)
   2)

第 2 部

子規定運用のための手順書

手順書の準備は信頼の第1歩！

●手順書はなぜ必要？

●何を書く？

●どう使う？

1. 動物実験審査承認手順書

　動物実験計画書の円滑な審査承認を行うためには手順書がいる。手順書の作成あるいは見直しに当たっては、厚労省の動物実験に関する基本指針（以下指針という）および学術会議ガイドライン（以下ガイドラインという）に取り上げられた内容を反映することが必要である。基本指針は文科省、農水省からも出されているが、内容はほぼ同様である。管轄省庁の基本指針を参照する。

　枠（　　　　）内の文を各研究機関等の動物実験に対する取り組みの状況に合わせて修正し、さらに項目順序を並べ直していく方法を紹介する。

　具体的には、　　　　内の文を自社の状況を加味して修正し、[説明]部分を削除することによって手順書を作成する。

　動物実験の承認に当たっては、①動物実験計画書を申請ごとに承認する方法、②一括して定期的に承認する方法、③事前に実験方法を登録しておいて申請された実験を承認する方法などがあるので、実験の内容、動物実験委員会の組織形態などによって承認方法を決めて手順書に明文化する。本書では多くの実験を、できる限り詳細に、しかも円滑に承認し、さらに実験終了後の報告も正確・確実に実施できることを前提に「動物実験審査承認手順書」を作成するための方法を紹介する。なお、手順書でなく規定としてもよい。

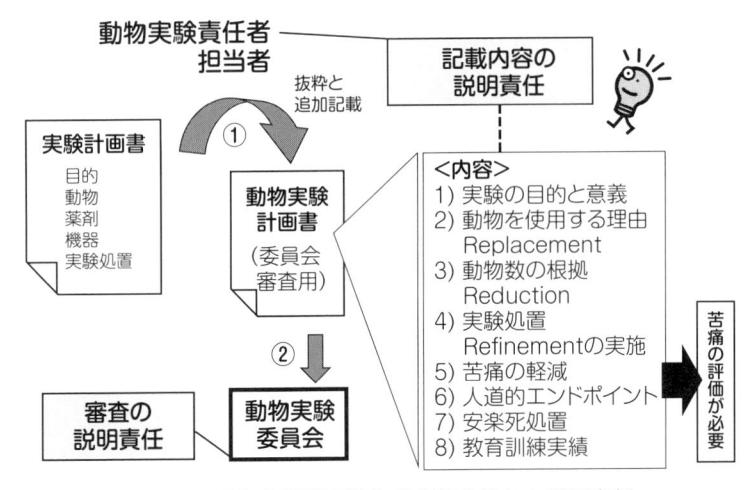

図 2-1　動物実験計画書作成申請の流れと説明責任

(1) 目的

　本手順書は、「研究組織名、企業名」の動物実験施設および外部委託試験施設等において実施される動物実験について、「機関の長（職位名）」から諮問された動物実験計画書を科学的妥当性および動物福祉の観点から審査し、「機関の長（職位名）」に答申し、承認を得ることによって実験動物福祉の徹底を図ることを目的とする。

[説明]

　研究組織、企業によっては、動物実験施設の場所が異なった地域、あるいは異なった組織となることがあるが、できる限り統一内容とするのがよい。動物実験委員会は、実験者から申請され、「機関の長」から諮問された実験計画書の内容について、科学性、実験動物福祉、とくに3Rsの観点から、その妥当性を検討し、結果を「機関の長」に答申する。実験の承認者は、「機関の長」である（参照：厚生労働省 動物実験の実施に関する基本指針第2）。ここでいう動物実験計画書とは、添付様式1（p.40）のような動物実験実施の妥当性を評価できる内容のもので、審査に必要な内容を実験（試験）計画書から抜粋して作成されるものである。

(2) 適応範囲

　本手順書は、「社内」および外部委託試験施設等および共同実験施設において実施される脊椎動物を用いるすべての動物実験に適用する。実験使用除外動物あるいは同一個体の繰り返し使用の場合も適用する。

[説明]

　「社内」はもちろんのこと、実験の委託側の責任として外部委託試験施設あるいは共同研究として大学等の外部の研究施設等で実施される動物実験についても承認の対象とする（参照：指針 第1、第7-3）。実験委託の場合は、審査・承認後に委託すべきである。実験委託先に「動物実験に関する規程」がある場合は、その規程に従った審査も受けることになるであろう。

　実験除外動物あるいは同一個体の繰り返し使用の場合は、新規実験としてあらためて審査・承認する必要がある。対象動物は、法令に示されている哺乳類、鳥類、爬虫類に限定してもよい。

---

(3) 動物実験計画の申請と承認

1) 実験者は、動物実験を実施しようとする際、事前に「動物実験計画書」（様式1、p.39参照）を作成し、機関の長へ提出し承認を申請する。

2) 「動物実験委員会事務局」は、所長から諮問された「動物実験計画書」に記載された苦痛度カテゴリー分類（p.82 表2-1）により審議する方法を選択する。

3) 苦痛度カテゴリーがAに当たる実験は、本動物実験委員会では審査対象としない。

4) ストレスあるいは痛みの度合いが比較的軽微なカテゴリーBおよびCで申請された計画書は、審査の迅速化のため、事務局でカテゴリーを確認した後、1～2名の委員の持ち回りおよび動物実験委員長が内容を審査する。審査結果（コメント含む）は動物実験委員会で報告し、議事録に残す。

5) ストレスあるいは痛みの度合いが重度のカテゴリーDおよびEで申請された「動物実験計画書」は、委員会を開催して内容を審査する。なお、Eについては委員会への実験責任者の出席を求め必要な説明を受けて審査する。

6) 審査結果は、委員長より「機関の長」へ答申され、機関の長により承認される。

7) 承認された「動物実験計画書」は、動物実験委員会事務局が「動物実験リスト」にそのタイトル、実験分野、動物数などを登録する。

[説明]

　実験の審査方法には、事前に実験方法を登録して苦痛度を定めておく方法、各々の実験処置ごとに苦痛度を設定しておく方法など、種々の方法があるので本手順書案にとらわれず「社（機関）内」の方針で定める。

　なお、動物実験計画書は苦痛度の観点から審査するだけでなく、実験目

的と意義、3Rs、苦痛の軽減方法、最終処理など個々の計画書について審査する必要がある。本手順書では審査の迅速化を図るために、ストレスあるいは痛みの度合いが比較的軽微なカテゴリーBおよびCは1～2名の動物実験委員の持ち回りおよび動物実験委員長の確認を受け承認への過程へ進む。

　また、ストレスあるいは痛みの度合いが重度のカテゴリーDおよびEは動物実験委員会での審査が必要とするようにした。持ち回り審査としたり、動物実験計画をE-mailを利用するなどして全委員により審査する方法も可能である。この場合も、委員からの質問内容、およびそれに対する実験責任者からの回答・審議の結果を委員会の議事録に残す。いずれの場合も承認者は機関の長となる（審議の内容を議事録に残すことは、第三者認証審査を受ける際に必要なことといわれている）。

　　注）：E-mail 利用の審査では、セキュリティ管理を十分に行い、
　　　　　データの漏出を防ぐことが必要である。

　承認された「動物実験計画書」は動物実験委員会事務局が「動物実験リスト」にその内容を登録することにより、実験の進捗と動物の使用数を確認することができ、社内動物実験状況の自己点検・評価あるいは第三者評価機構の調査時に役立てることができる。

　苦痛度カテゴリーによる分類は、SCAW の基準（Laboratory Animal Science. Special Issue：11-13、1987）（「実験動物海外技術情報」No.7. p14-17. 1989（(公社）日本実験動物協会、海外技術情報調査小委員会編集の和訳を改訳）および国立大学法人動物実験施設協議会の「動物実験処置の苦痛度分類に関する解説」（平成 16 年 6 月 4 日）を参考にできる。注意点としては、苦痛度の判定に気を取られるのではなく、実験目的、3Rs について、苦痛度の軽減と人道的エンドポイントの適用、安楽死および実験の安全面などについて全般的に目を配るべきである。実際の審査では、苦痛度分類に重点が置かれている場合が多々見られる。Harm & Benefit の確認も必要である。

　カテゴリー分類に当たって審査対象としないAを除いて、カテゴリーを繰り上げて独自にBをA～EをDのカテゴリーにする施設も見られるが、苦痛度評価について他施設との整合性を議論する場合もあるので、一般的に用いられている表 2-1 の例のような分類の使用が便利であると考える。

表 2-1　一般的な苦痛度カテゴリー分類例（SCAW）

カテゴリーA	生物個体を用いない実験あるいは植物、細菌、原虫、または無脊椎動物を用いた実験
カテゴリーB	脊椎動物を用いた研究で、動物に対してほとんど、あるいはまったく不快感を与えないと思われる実験操作
カテゴリーC	脊椎動物を用いた実験で動物に対して軽微なストレスあるいは痛み（短時間持続する痛み）を伴うと思われる実験
カテゴリーD	脊椎動物を用いた実験で、避けることのできない重度のストレスや痛みを伴うと思われる実験 <麻酔、鎮痛剤、鎮静剤を使用している>
カテゴリーE	麻酔していない意識のある動物を用いて、動物が耐えることのできる最大の痛み、あるいはそれ以上の痛みを与えるような処置 <麻酔、鎮痛剤、鎮静剤の使用が実験成績に影響する>

SCAW：Scientists Center for Animal Welfare（http://www.scaw.com）

　苦痛度の分類に当たっては、

①実験全体を見て大づかみに苦痛度カテゴリー分類をする方法

　もっとも一般的な方法であるが、苦痛のポイントをどこにしたかが具体的に示しにくい。

②実験処置の一つ一つの苦痛度カテゴリーを確認し、もっとも上位のカテゴリーを実験の総合苦痛度カテゴリーとする方法。

　施設ごとに実験処置に苦痛度を決めた表を作成しておくと便利である。（後述資料参照、表 2-5 〜 2-14（p.102 〜 113））

　すべての実験処置の苦痛度を確認のうえで相互評価できる利点があるが、繰り返し処置の苦痛度が評価されにくい。

　苦痛度の評価結果については第三者への説明根拠が明確にできることが必要である。実際に審査してみると②による方法は、採用した苦痛度カテゴリーの説明が容易である。

　例：イソフルラン麻酔し（B）、麻酔下で無菌的に後大動脈にテレメトリーセンサーを装着する（C）。術中は保温し、手術は 30 分以内に終了する。術後 1 週間の回復期間中、痛みの症状を示したときは鎮痛剤を投与する（B）。7 日後より、被検薬物を 1 日 1 回 14 日間連続経口投与し（C）循環器系に及ぼす影響を経時的にテレメトリー装置により記録（B）する。

　苦痛度総合評価：カテゴリー C

③実験処置の表を作成し各々の処置に点数を付す。審査に当たっては個々の処置の点数を累積し、総合点により苦痛度評価する方法などがある。

　例：1 〜 20 点→ B、21 〜 50 点→ C、51 〜 60 点→ D

　（参考文献：実験動物に施される科学処置の評価とコントロール、（公社）日本実験動物協会、海外技術情報 No.3）

（4）動物実験計画書の審査と承認

1）委員会は、承認申請された「動物実験計画書」について動物福祉の観点から次の事項を審査する。また、委員会は必要に応じて実験責任者から実験内容の説明を受け、社（機関）内規程に即した動物実験が行われるよう指導する。

2）実験計画の承認後、計画に変更が生じたときには、実験計画の変更審査を申請し、変更内容の承認を得なければならない。実験計画の変更には軽微な変更と重大な変更がある。軽微な変更は、BおよびCのカテゴリー審査と同様1～2名の委員と委員長の確認、重大な変更はDおよびEのカテゴリー審査と同様に委員会での審査とする。いずれも審査後は機関の長の承認がいる。

3）委員会は、実験が計画どおりに行われているかを必要に応じて承認後、調査（Post Apploval Monitoring：PAM）・記録する。なお、カテゴリーEの実験においては委員会の実験実施調査・記録は必須とする。

・**動物実験結果が、研究所内報告書、論文投稿などにより評価され人々の健康に増進や科学的知見向上に寄与できること**

　　　　　　　　　　　　　　　　　　　| 使命 |

・**実験が法令等に準拠し、動物実験の科学性と福祉の実践が研究所規程に基づき、実践されていることを各種記録により証明できること**　| 配慮義務／努力義務 |

研究所規程とそれに基づく、規定、マニュアル
・動物実験計画書、計画書審査チェックリスト、承認後調査記録等
・動物実験施設、実験動物飼育管理等の状況を示す記録等
・教育／訓練の記録

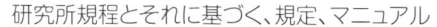

・**動物実験体制と機能が外部検証によって認証され、外部に示せること**

図 2-2　動物実験における説明責任まとめ

(5) 実験計画書記載事項と審査内容

1) 動物実験責任者の氏名
   ＜動物実験責任者の動物実験経験および教育訓練歴は十分か＞
2) 実験実施者氏名
   ＜全員の氏名が記載されているか、動物施設利用者に登録されているか＞
3) 研究課題
4) 実験等の目的および意義
   ＜実験目的と結果が科学的に価値の高いことが記載されているか（Harm と Benefit）、動物実験の不要な繰り返しに当たらないか＞
5) 動物実験計画の種類
   ＜試験・研究であるか、教育訓練であるか、
   その他（具体的に　　　　　）であるか＞
6) 動物実験を必要とする理由
   ＜動物を使用しない実験あるいはより苦痛度の低い実験方法への代替手段がないか、より系統発生学的に低位の動物種の使用ができないか。代替法の感度・精度が不十分な場合。
   その他の理由（　　　　　　）の確認＞
7) 実験動物の飼育場所、飼育方法および実験期間
   ＜動物実験を行うために適切な施設であるか、飼育管理条件は十分か＞
8) 実験動物の種類および数
   ＜科学的に解析（統計学的処理）できる最少数の動物で目的とする科学的成果が得られるよう計画しているか＞
9) 実験動物に対する具体的な実験処置
   ＜実験処置のすべてが記載されているか。個々の処置に身体的、精神的苦痛度評価はされているか。
   存命・非存命手術、小規模・大規模手術であるか。無菌的手術であるか。
   麻酔処置、術中の保温、術後の観察・鎮痛処置など＞

10) それぞれの実験処置により予想される実験動物の苦痛の程度
　　＜大規模な手術の繰り返しになっていないか。術後の管理方法は十分か。苦痛度が実験責任者により評価されているか。SCOW の苦痛度分類参照。苦痛度の評価は妥当か＞

11) 実験動物の苦痛軽減方法
　　＜より侵襲の低い動物実験方法への置き換えはできないか、苦痛軽減方法が記載されているか。
　　記述内容の具体例は下記参照＞
　　軽微な苦痛の範囲なのでとくに処置を講じない
　　短期間の保定・拘束なのでとくに問題ないと考える（理由：　）
　　麻酔薬・鎮痛薬を使用する（薬剤名：　　　　　　　　）
　　科学上の目的を損なわない苦痛軽減法は存在しない
　　（理由：　　　　　　　）
　　長期間の保定・拘束が避けられない（理由：　　　　　　）
　　人道的エンドポイントを適用する
　　（エンドポイントの判定項目と程度　　　　）
　　その他（　　　　　　　　　）

12) 実験動物の処分方法
　　＜動物の最終処分（安楽死）法が適切であるか。過剰量の麻酔薬の投与（麻酔薬名：　　）、炭酸ガスの吸入、頚椎脱臼、その他（　　）が記載されているか＞

13) 物理学的、化学的または生物学的危険因子、遺伝子組換え生物の使用
　　＜使用の有無、有りの場合の注意点が記載されているか。人および環境に影響を与えないか。該当する場合は必要な処置手続きがとられているか＞

＜　＞内の文章は、計画書作成の際に記入の目安となることを記載している。

［説明］

　実験計画書の様式は、本書あるいは、ガイドライン第 4 -1 の、動物実験計画書様式作成参考例を元に作成するとよい。委員会で審査する動物実験計画書は、実験方法の詳細を記述した元の実験（試験）計画書から審査の

ために動物福祉に関する事項を抽出したものであり、実験実施に当たっては、その計画書に従って行われるべきである。

一旦承認された動物実験計画書に変更があったときは、表2-2のように変更内容の程度によって処理する。軽微であるか否かは各々の動物実験委員会で下記のような例を作成しておくとよい。

表2-2 実験計画の変更

軽微な変更とみなされる場合	以下の場合は、変更計画書の動物実験委員会による審査は行わない。ただし計画変更部分を訂正した実験計画書を委員会事務局に提出して確認を受ける。事務局は変更計画書を変更前の計画書に添付して保管する。 (1) 所内動物実験施設内での実験、飼育場所の変更 (2) 実験責任者以外の実験従事者の追加、削除 (3) その他
軽微でない変更とみなされる場合	以下の場合は、新規実験計画書として動物実験委員会で審査した後、所長の承認が必要となる。 (1) 実験課題名の変更 (2) 実験責任者の変更 (3) 実験目的の変更 (4) 苦痛度にかかわる実験方法の変更 (5) 動物種の変更・動物数の増加 (6) 計画書承認の有効期限を越えたとき (7) 委託先あるいは共同実験先が変更になったとき (8) その他

計画書審査に当たっての留意事項

計画書評価・審査のポイントは、3Rs と Harm & Benefit について次のような項目を評価していくことになる。(参考資料（公社）日本実験動物協会、動物実験研修会)

①動物実験の結果得られる成果と動物の苦痛のバランス

Harm とは実験処置によって動物が被る苦痛やストレス、不快感というものを指し、Benefit は研究によって得られる研究成果を指す。動物が被る苦痛度が大きくても、得られる研究成果がそれに勝り、人に恩恵を与えるというものであれば、その研究を認めるという評価をする（参照：イギリスの Animals ACT 第5条第4項）。評価に当たってはその時々の科学的、医学的背景を考慮する必要がある。

審査される実験計画書には、Benefit として期待する研究成果（新しい知見、技術）は書かれているが、それが何にどう役立つかが記載されていないものが多い。

②不要な実験の繰り返しになっていないか

実験の実施に際しては、事前に文献を検索して同じ実験が行われていないか調べ、綿密な動物実験計画が立てられ実験が実施される必要がある。不十分な検索、ずさんな実験計画では信頼のある実験成績が得られず、実験の繰り返しとなる場合が多い。例：もう 2-3 匹 n 数を増しておけば再実験の必要はなかったなど。

Refinement には、実験計画を作成する際の文献調査をきちんと行い実験計画を立てることも一つの要件として含まれる。

③動物の種の適正および動物の数に関する根拠が明確であるか

選択した動物種が本当に妥当であるか。動物種を適正に選択することは、Reduction にもつながる。選択した動物種が生物分類学上可能な限り低位にあることは、より高等な動物の使用数の削減につながるという考え方がある。一方バックグランドデータが豊富という理由で多用されるマウスを用いた実験で、頻回の採血が必要な場合、ラット以上の体の大きい動物種を使用すれば、多くのマウスの苦痛度の軽減 Refinement と Reduction につながる。このように 3Rs は相互に関連しているので、評価が難しい。

Refinement と Reduction のどちらかを優先するかというと Refinement という考え方もある。一方最近では、遺伝子組換え動物、疾患モデル動物を使用することで、少数の動物で必要な知見を得ることもできるようになってきている。これは Replacement の一つともいえる。動物の数に関しては、使用する数を少なくすればよいという問題でなく、「統計学上有意な結果が得られる最小数」ということを審査する側は理解していなければならない。少なすぎる動物数で実験の失敗を繰り返させてはならない。

数の吟味としては、

-1　それが実験群間の差を考えるときの有効な数であるか

-2　効果を発揮する母集団の標準偏差が見られる数であるか

-3　80 〜 90%効果を発揮できる集団の数であるか

-4　1 〜 5%の危険率で有意水準が出せる数であるか

であるといわれているが、動物実験計画書では、総動物数は記載されているものの、実験内容が詳しく書かれていない場合もあり、また委員会には統計学の専門家がいない場合もあり、動物数の評価が難しいケースが多い。

無理に統計学的優位差を出した結果の是非についての評価はさらに難しい。

④代替法の検討は十分なされているか

代替法の検討では *in vitro* の系への代替、③に述べたような動物種の選択が行われることが多いが、②で述べたような事前の文献検索による、より苦痛度の低い実験方法への代替も考慮すべきである。できれば計画書の項目には検討した代替法についての文献情報も記載してもらうと評価がしやすくなる。

⑤痛み・不快感の緩和法、麻酔・鎮痛剤の使用法が適切であるか

Refinement は実験処置による苦痛を軽減・排除するという考え方であるが、実験計画書への記述は外科処置時の麻酔と安楽死について触れられているのが大多数である。

実験処置についての説明では、苦痛にかかわる項目として次のような事柄について記載がなければ苦痛度の評価ができない。

-1 投与：投与物質、用量、部位、量（volume）、経路、投与スケジュール

-2 採血：採血量、頻度、採血部位、方法

-3 手術については麻酔から覚醒させない非生存手術であるか、覚醒後実験に使用する生存手術であるか、手術の規模が小さいか大きいか

-4 実験小動物では、苦痛の軽減に麻酔薬の投与はよく考慮されているが、術前、術後の鎮痛薬の投与についてはほとんど考慮されていない現状がある。苦痛をどのようにモニターするか、鎮痛剤、鎮静剤をどのように投与するかの記載が求められる。苦痛度 E では麻酔剤、鎮痛剤、鎮静剤を投与しない理由が説明されなければならない。

術後の管理については ILAR のガイドでは、獣医学的管理として記載されているが、ガイドラインでは、内容は述べられているものの、獣医学的管理の表現はない。しかし、実験中の動物が病気、怪我の場合、望ましい対処方法は何かということを明記する必要がある。とくに第三者検証を計画している施設では、病気の治療開始時期、実験責任者の確認、安楽死など研究者と、できれば獣医師と協議できる体制作りが求められる（AAALAC では必須用件である）。

-5 拘束については、苦痛度の評価はむずかしいが、一次囲い（保定器や代謝ケージなど）が ILAR のガイドの基準以下で収容時間が 1 時

間を越すかどうかが判断の分かれ目といわれている。

-6　絶食・絶水については動物種によって影響が異なるので評価が難しい項目であるが、絶水の苦痛度は高いと考える。

-7　実験の人道的エンドポイントについては、実験ごとに評価されなければならない。

多く見られる表現は、"動物の状態が悪くなったら安楽死処分する"というものであるが、動物がどのような状態になったときに安楽死処分を行うのか明確でない。一つの目安として腫瘍のサイズ、体重減少率、摂水・摂餌が可能か、行動異常があるか、長期の下痢など、臨床症状、毒性兆候など予備実験で得られた情報を基に実験計画書の段階でエンドポイントを設定しておく必要がある。

カテゴリーD レベル、E レベルでの実験処置の場合は、人道的エンドポイントの設定は必須と考える。

⑥実験実施者は適切な実験技術を有しているか

教育訓練を受けてしっかりした実験技術を有しているかどうかは実験計画書から判断できない場合がほとんどである。教育訓練としては、年1～2回行われるセミナーを受講している程度の記載が多い。3Rs の実践には実験動物と動物実験に関する知識および技術修得が必須であるので、当該実験に関する技術習熟度のレベルを記載するとよい。的確な実験技術が行えて初めて苦痛の軽減ができることを機関の長、動物実験委員会および実験責任者は認識しなければならない。教育訓練は今後の大きな課題である。

(6) 動物実験終了時の報告

実験責任者は実験終了後、「機関の長」に対し、使用動物数、計画からの変更の有無、動物実験の成果などを報告する。報告書内容は動物実験委員会が確認後、機関の長が確認署名する。

[説明]

動物実験実施手続きで重要なのは実験終了後の報告（基本指針第 3 参照）の確認である。実験のやりっぱなしは認められない。計画と実際の実験内容が異なることがあるため、使用する動物数の削減（Reduction）、代替試験法の積極的な採用（Replacement）、苦痛の軽減（Refinement）の3Rs の観点から確認しておかなければならない。とくに動物使用数については、すべての動物の使用経歴がわかるようにしておく。AAALAC の認証調査では求められる事項である。（Program Description Part Ⅲ -Appendices）

また、Benefit の確認のためにも実験の成果については概略を述べる必要がある。終了報告書に機関の長の確認サインがない場合が多いので注意する。動物実験結果報告書（終了報告書）様式例は p.48 を参照。

(7) 書類およびデータの保管

本手順書に基づく書類は、原本を動物実験委員会事務局が保管し、写しを実験責任者に渡す。原本の保管期間は 10 年間とする。

[説明]

動物実験に関する諸記録は、動物実験所内規程に従って行われたことを確認・証明するために必ず保存・管理しておかなければならない。
保存期間は、社内の文書保管規定に従うが、将来予定されている第三者評価機関の検証を考慮すると少なくとも 5-8 年は必要と考えられる。

(8) 規定の改廃

この規定の改廃は「動物実験委員会」の議を経て行う。

資料1：3Rs の審査の実際

1．Replacement の審査

　Replacement ついては、計画された実験を動物実験以外により実施することの可否について検討されているかについて審査する。文献の添付があればこれも参照する。

　以下の場合に実験の実施を受け入れる。

（1）実験目的が明らかであり、現状では動物実験に代わる方法がない。実験計画書には、動物を使用する理論的根拠および使用する動物の種および数が適正であるという理論的根拠を含んでいなければならない。将来的には、数学モデル、コンピュータシミュレーション、および in vitro の生物学的実験系を考慮すべきである。

（2）より発生学的に下位の動物に置き換えることの可能性について検討されている（図2-3）。

（3）代替法の制度が不十分である。（検討した代替法などの文献）

（4）より侵襲(痛み・ストレス)性の低い実験方法への検討がなされている。（検討した代替法などの文献）

　Replacement の方法の検討のためには、文献検索の方法を修得している必要がある。

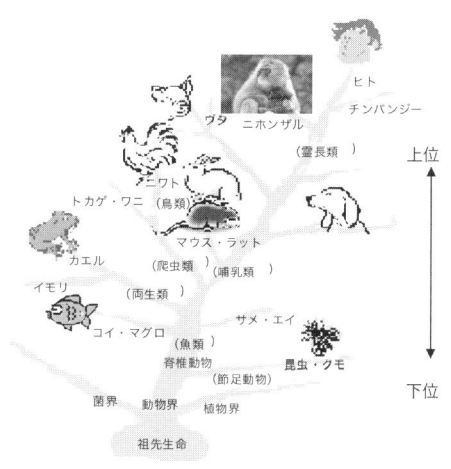

図 2-3　系統発生樹

2. Reduction の審査

　動物実験の実施においては、実験実施者の責任として実験に使用する動物の数をできるだけ少なくすることが法令においても求められている。多くの学術誌は、投稿論文に対して動物数が適切である旨明記することを規定している。

　動物実験成績は、飼育・実験環境要因などにより生じた個体差、実験条件・不十分な実験手技などにより影響を受ける。実験実施者は実験データのバラツキの要因とバラツキの範囲を知っていなければならない。このようなバラツキのあるデータから、信頼性のあるデータを得るためには各試験群の動物数をある程度多くする必要がある。データについては統計学的処理を行い観察される変化が統計上有意であるかを知る必要がある。統計処理をしていない結論は評価されにくいが、統計処理をしなければ結論が出せないような実験も考えものであるともいわれている。

　極端に少なすぎるn数、多すぎる実験群、観察評価項目が多い場合は、統計学的処理が難しくなるので、実験はできるだけシンプルに計画する（統計解析法については成書を参照）。

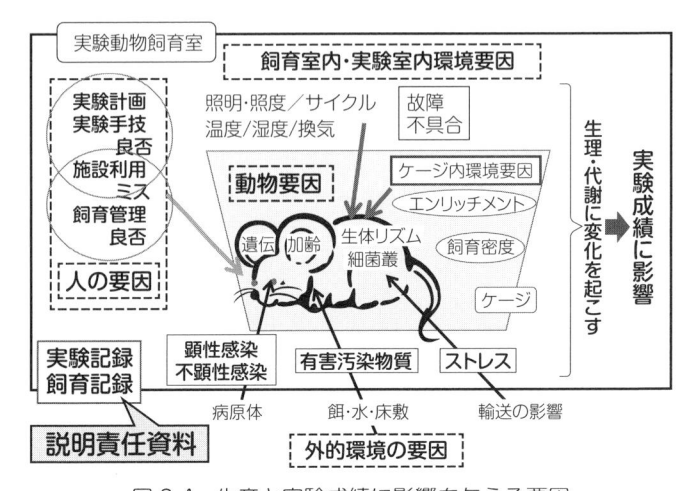

図 2-4　生産と実験成績に影響を与える要因

　使用される動物数は実験によって異なり、p.87 〜 88 に述べたように統計学的吟味が必要といわれているが、実験実施者の多くは統計学の専門家でない。一方、動物の実験上の取扱いについては明らかな実験ミスがない限り、試験終了時に仮説に合わない個体を削除することは誤りである。また取り除いた動物を差替え用の動物として用いることは厳禁である（あらかじめ取り除いた動物の使用・処分方法を明確にしておく）。これら統計学的処理方法、動物の取扱いについては実験が始まる前に決定し、使用される検定法によって実験計画が立てられなければならない。実験終了後、実験の意図に合うようなデータ処理をすることは意味がない。

　統計処理のために必要な最小 n 数は 4 匹とされているが、実験の性質と解析に用いる統計学的検定法によって決めなければならない。一般的に n 数の決定はよく管理されたブリーダー由来のマウス、ラットを用いて、実験の外因性の変動要因（環境・実験手技のばらつき）を少なくすることができるならば、1 群 5 匹以上ならよいのではないかと考える。しかしながら標本の大きさが 5 であるような実験結果は信用しないという研究者が多いことも事実である。通常の試験では 1 群 7 〜 8 匹が多用されている。なお、試験ガイドラインなどで動物数が示されている場合はそれに従う。少なすぎる動物数での実験成績は信頼性が乏しく、再実験などで結果的に多くの動物を使ってしまう例も見られる。また、同一個体から繰り返しサンプルを得ることは、動物数を減らすことができるが、サンプル採取後の個体は元の個体とは異なることも考慮していなければならない。イメージング技術を応用した方法は、個体に与える変化が少ない有用な方法といえる。

　委員会の審査に当たっては、Reduction にのみとらわれ動物数の削減にこだわってはならない。総動物数よりも 1 群何匹が用いられているか、その根拠が示されているかを読み取ることが肝要である。また、動物数の適正化を含めて実験計画全体について審査・決定をしなければならない。

3. Refinement の審査

　動物実験責任者・実験実施者は、動物実験実施に際し、動物に加えられる実験処置および処置後に継続する苦痛を予測し、動物ごとに表現方法と表現の程度の異なる苦痛度を的確に把握できるようにしなければならない。動物の苦痛度をできるだけ減少させる手だてを講じることは、実験実施者に課せられた責務である。とくに処置後あるいは麻酔覚醒後に発生する苦痛についての予測は大切である。また苦痛度を減少させる方法には、動物の匹数の適正化、繰り返し処置の有無も含まれる。表 2-3 の苦痛度の分類に当たっては、SCAW の基準、国立大学動物施設協議会の同基準解説書、欧州代替法バリデーションセンター資料を参照した。

表 2-3　苦痛度分類（「　」は SCAW の基準記載内容）

苦痛度分類	内　容
レベルA	「生物個体を用いない実験（安楽死後の動物から得た血液、器官や組織を使用する実験含む）あるいは細菌、原虫または無脊椎動物を用いた実験」レベルAは委員会では審査の対象としない。
レベルB	「脊椎動物に対してまったく、あるいはほとんど苦痛を与えないと思われる実験操作」
レベルC	「脊椎動物に対して軽微なストレスあるいは痛み（短時間持続する）を与える実験操作」
レベル D	「脊椎動物に対して避けることのできない重度のストレスや苦痛を与える実験操作」　苦痛度軽減への配慮、人道的エンドポイントの設定、あるいは実験処置後の疼痛管理を考慮する必要がある。
レベル E	「麻酔をかけていない意識のある動物を用い、動物が耐えることのできる最大の痛み、あるいはそれ以上の痛みを与えるような実験操作、または実験結果として死が想定される実験操作」実験実施に当たっては、実験責任者は実験の必要性、代替手段の有無、苦痛度軽減のための配慮、人道的エンドポイントの設定、実験処置後の管理ならびに実験の社会的意義を説明しなければならない。

- ・人道的エンドポイントの明確な**定義（判定基準）**
- ・**動物観察の頻度**
- ・実験計画担当者と委員会委員への**教育**
- ・人道的エンドポイントへ達成するまでの対応などの
  情報共有
- ・予測に基づく、早めの安楽死処置に関する**取り決め**
- ・行動上もしくは生理学的な**瀕死状態の定義**
- ・実験に合わせた、専用の**動物観察記録**

説明
責任

- ・前例のない実験計画
- ・人道的エンドポイントの代案を検討するための情報がない場合

**動物実験責任者、獣医師、動物実験委員会との意見交換の仕組みを、
実験期間中から終了後も確保すべき**

予備実験（パイロット実験）で人道的エンドポイントを見極めて定義

図2-5　苦痛の軽減と人道的エンドポイントの評価

　人道的エンドポイントとは、実験処置により重度の苦痛を現す症状が観察されたとき、実験処置を中断または中止し、安楽死が必要な場合その処置を行う時点をいう。

　なお安楽死とは、できる限り動物に苦痛を与えない方法を用いて速やかに心機能または肺機能を停止させる方法をいう。最近では、Reductionを意識して予備実験を行わない傾向にあるが、実験処置後の動物が示す苦痛症状と程度を、予備実験で把握することによって、本実験での適切な人道的エンドポイントを把握することができる。

＜参考＞
①人道的エンドポイント評価のための5つの観察項目
　a. 体重減少（摂餌・摂水量の減少も含む）
　b. 外観の変化（体位、姿勢、毛のつや、立毛……）
　c. 測定できる臨床的サイン（心拍数、呼吸数、体温……）
　d. 行動の変化（動き回る、動かない、攻撃的……）
　e. 外部刺激に対する応答（音反射、接触刺激に対する反射……）
　なお、動物の示す状態の変化はさまざまなので、人道的エンドポイントの設定は、実験に応じていくつかの状態の組み合わせで行うのがよい。
　以下人道的エンドポイントの参考例を示す。

②-1一般的な実験での人道的エンドポイント

実験の種類によらず苦痛や衰弱・瀕死のような全身症状は似ている。

a. 体重の減少（飼料と水の摂取量の変化の反映）は、動物の状態の重要なサインである。体重減少を対照群と比較し、一定の減少点（例：20%減）を定め人道的エンドポイントとすることができる。

b. 低体温は、動物の全身状態悪化の重要な指標である。特定の実験の場合は、安楽死させる時期の指標として指定された体温まで下がる点（4-6℃低下）を人道的エンドポイント、とすることができる。

c. 目やになどの分泌物の付着、全身被毛の汚れ── 状態悪化で毛づくろいをしなくなるため、あるいは行動不活発のための排泄による汚れ── 痛みの表現形

d. 跛行または足を引きずる ── 痛みの表現形

e. 体の一部をなめたり引っかいたりする ── 永続的自損行為による傷の発生 ── 痛みの表現形

f. 立ったり動いたりすることを嫌う ── 痛みの表現形

g. 糞便や尿の排泄の仕方の変化 ── 痛みの表現形

h. 取扱者に対する態度の変化 ── 攻撃的、逃げる ── 痛みの表現形

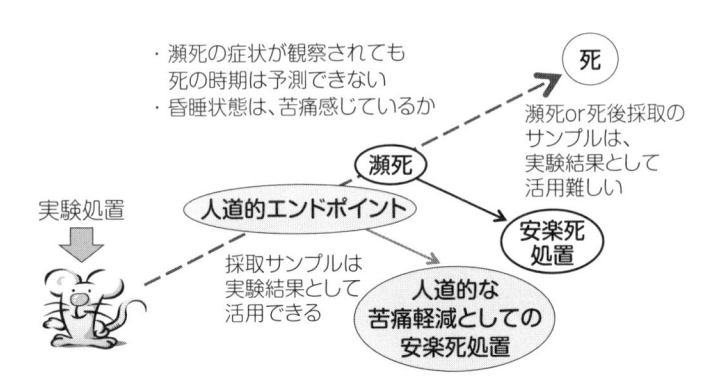

1. 実験評価を死とする実験については、人道的エンドポイントを探る努力

2. 実験評価を死とする実験については、その説明が必要
   委員会が認め、機関の長が承認した場合にのみ実施可能

図 2-6　人道的エンドポイントと実験死の扱い

よく見られる記載

苦痛の症状が現れたら
安楽死処置する

▼

説明責任が足りない

**人道的エンドポイントとする
苦痛症状の具体例**

立毛、皮毛の汚れ
歩行障害、摂水／摂餌障害
20%以上の低体重
持続的なうずくまり、横臥
呼吸速迫、努力呼吸
出血、チアノーゼ
重症の下痢もしくは嘔吐
弛緩性もしくは痙攣性麻痺
齧歯類では4-6℃の体温低下
腫瘍の重量が体重の10%↑
腫瘍径が20mm(マウス)

・判断基準となる具体的症状を予想し計画書に記載
・実験毎に症状とその程度は異なる
・症状は単独でなく複合して生じる場合が多い

図 2-7　人道的エンドポイントと基準症状の例

② -2 免疫の研究での人道的エンドポイント
　a. 投与部位に感染や潰瘍を起こしたとき
　　フロイントのコンプリートアジュバント（FCA）は、FCA 以外のア
　　ジュバントでは免疫が難しい場合のみ使用し、小動物、ウサギのフッ
　　トパットには科学的に正当な理由（細胞性免疫反応惹起）がない限り
　　投与しない。投与が許されたときは片方のフットパットにのみ投与す
　　る。投与後 4 週間は少なくとも週 3 回投与部位の観察を行う。
　b. 免疫の処置により動物が苦痛、衰弱、脱水などの症状を示したとき
　c. 永続的自損行為による傷の発生 —— 痛みの表現形

② -3 腫瘍の研究での人道的エンドポイント
　a. 腫瘍重量が、マウス・ラットで体重の 10%を越えたとき（例：マウ
　　スで直径 17 ミリ：英国腫瘍学会指針）。腫瘍の塊は、正常な身体の
　　機能を物理的に妨げる。それゆえ腫瘍は痛みにかかわるポイントや動
　　きを制限する位置に接種すべきでない。
　b. 腫瘍塊を考慮して、体重が対照動物の体重より 20%以上減少したとき
　c. 腫瘍部分の潰瘍化または感染が起きたとき

d. 局所化された腫瘍が周囲の組織に転移したとき

e. 永続的自損行為による傷の発生——痛みの表現形

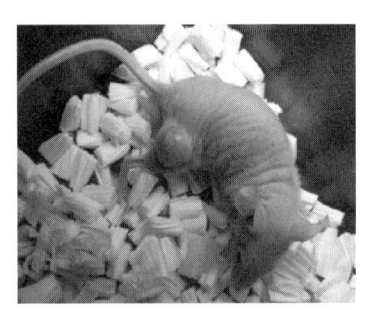

図2-8　実験による皮下の腫瘍

② - 4　腹水採取の人道的エンドポイント

a. 苦痛、衰弱、脱水などの症状が見られたときとする。

b. 腹水量が正常体重の20%を越えたとき

　頻回の腹水採取は、感染症の危険や腹腔への出血などを起こす危険性がある。最終過程での腹水の採取は、麻酔下で行う。

　モノクロナール抗体産生のための実験では、げっ歯類を用いて腹水が採取される。腹腔内に接種された腫瘍の成長により産生される腹水の蓄積は体重の増加をもたらし、動物に苦痛を与える。

② - 5　痛みを伴う実験の人道的エンドポイント

　手術・病態モデルの作成などの実験処置により苦痛の表現が強かったり長引いたりする場合は、その時点が人道的エンドポイントといえる。科学的必要上実験を継続する場合は、鎮痛剤の投与などの苦痛軽減処置を行う。

　激痛があるはずなのに、げっ歯類、ウサギなどの動物は行動の変化を見せない場合があるので、痛みの判定は難しい。これらの動物ではふだんの状態をよく観察しておき、処置動物の痛みの表現、姿勢を識別することが大切である。

表2-4　外科処置および術後の痛みと表現

眼や耳の手術	不快感からこすったり引っかいたりする。耳に痛みがある場合は頭を傾けたり、頭を振ったり四肢で耳をこすったりする
断肢術	広範囲にわたる筋肉の外傷によって強い痛みがある
頚部の手術	強い痛みがあり、頭や首の異常な姿勢をとる
胸腔内の手術	胸骨側からのアプローチでは強い痛みがある。側方からのアプローチでは、それほど痛みはなく、処置後動物は迅速に歩き回り、苦痛を感じている様子も見られない
腹部の手術	明らかな痛みはなく、動物は処置後迅速に歩き回る 広範囲にわたる手術の場合は、背を外側に弓なりに曲げたり、腹部を引っ込めたり、腹部を守ろうとする姿勢で痛みを表現する

秋田大学バイオサイエンス教育・研究センター動物実験部門
(http://www.med.akita-u.ac.jp/~doubutu/IACUC/pain.html) の原図を改変
原著：Laboratory Animal Science. 37(Special Issue)71-74,1987

動物実験に当たって、動物の習性・行動と健康状態を観察し、
症状の変化に対し適正に対応できることが大切

観察表の例　　動物番号:C-7

苦痛症状
説明記録

あらかじめ設定した項目

苦痛の程度（スコアー）

観察項目 ／ 経過日数	0	1	2	3	4	4
／ 観察時刻	8:40	9:00	8:50	8:55	8:05	11:00
活動性低下	－	－	－	－	+	+
孤立	－	－	－	－	+	+
円背	－	－	－	－	+	+
立毛	－	－	－	－	+	+
呼吸の種類	正常	正常	正常	正常	浅呼吸	浅呼吸
摂餌せず	－	－	－	－	+/－	+
摂水せず	－	－	－	－	?	+
体重 (g)	204	209	203	192	168	165
処置開始前からの変化率 (%)	0	+2	0	-6	-18	-19
結膜蒼白、眼瞼下垂	－	－	－	－	+	+
腹部膨満／腫脹	－	－	－	－	+/－	+/－
その他	投与SK					
観察者	KK	KK	KK	KK	KK	ST

安楽死判断　実験責任者　2017.5.14　坂口　博
　　　　　　　　処置　　　　2017.5.14　上杉　真一

表：動物実験における人道的エンドポイント（アドスリー、2006）p.33表1改変

図2-9　苦痛軽減と人道的エンドポイント

資料2：実験処置の苦痛度レベル検索の実際

　苦痛度の検索は、動物実験計画書へ記載するために必要であるが、より重要なことは実験実施者自身が、物言わぬ動物に苦痛を与えていることを自覚し、苦痛軽減に努力する責任を果たすことにある。実験実施者は、動物に何らかの苦痛や機能的、生理学的変化を与えていることを自覚しなければならない。このことは、実験者が苦痛を引き起こす可能性のある処置に対して苦痛の軽減を実施しなければならないことを示している。苦痛の軽減は、技術の洗練によって実現できるのである。

　個々の実験処置の苦痛度を理解するために、参考資料として「苦痛度レベル判定表」を作成添付している。実験処置ごとに苦痛度レベルを当てはめ、検索表として一覧するという考えは、2008年に鍵山により提案された（鍵山直子：動物実験の倫理指針と運用の実際、日薬理誌、131：187-193、2008年）苦痛度レベル表は熟練者が実施した場合の苦痛度レベルを表している。

　以下で、この考えに基づいて筆者が作成した苦痛度レベル表の例を示す。

　本書の判定表は参考資料であるので、動物実験委員会は、自分の施設の実験内容を基に作成するのが望ましい。

　なお、表中の苦痛度レベルは、SCAWのカテゴリーにおけるBからEに合致している。苦痛度レベルを施設独自に改良することはかまわないが、他施設との整合性を取る意味では、SCAWのカテゴリーを用いるのが便利である。

＜苦痛度レベル表利用法例＞

（1）実施しようとする実験操作を苦痛度分類表より選び出し、該当する苦痛度を「動物実験計画書」の実験操作欄に記載したすべての実験処置項目ごとに（苦痛度レベル）として記入する。

（2）実験操作中で選ばれた最高レベルの苦痛度を当該「動物実験計画書」の苦痛度レベルとする。

（3）実験内容により苦痛度レベルが異なるものは、委員会が独自にレベルを判断する。

（4）表に該当する実験操作が見当たらないとき、実験責任者は審査承認上必要と思われる実験操作を記入し、"予想される動物の苦痛度"は記入せず、動物実験計画書を動物実験委員会事務局に提出する。

（5）実験手技の修得等の目的で行われるトレーニングには、熟練者の指導の下に行われるので表の苦痛度レベルとするが、不明な場合は動物実験責任者と動物実験委員会が協議の上、苦痛度を設定する。

　動物実験実施の最終的な可否は、総合判定結果である Harm（苦痛）と期待される実験結果の Benefit（恩恵）を考慮して判断すべきである。

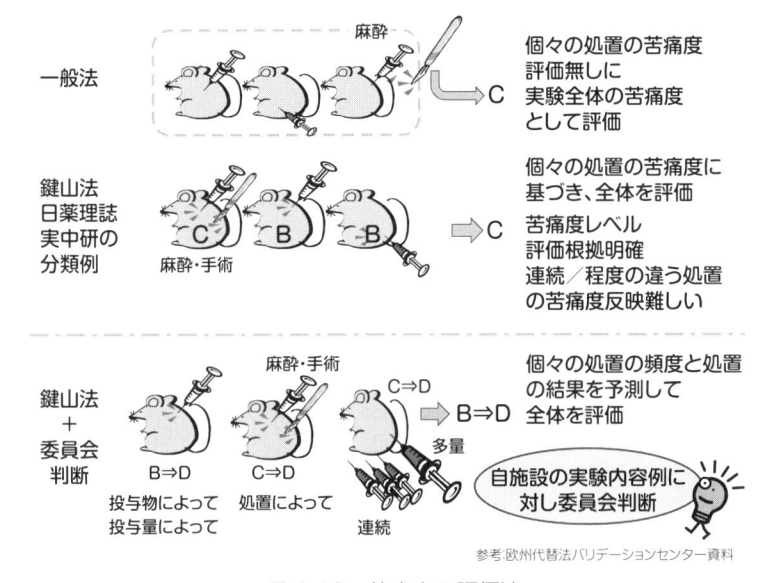

図 2-10　苦痛度の評価法

1. 投与

　ほとんどの投与処置自体の苦痛度レベルは低いが、実験実施者は投与の結果個体に生じる物理的・機能的障害に注目すべきである。

表 2-5　投与処置とその苦痛度レベル

	実験処置	苦痛度レベル
投与経路	混餌	B
	経口ゾンデ	B
	腹腔内 (含む浸透圧ポンプ)	B
	筋肉内	B
	皮内／皮下	B
	動脈／静脈内	B
	皮膚塗布	B
	吸入	B
	足裏の柔らかい部分への投与	C
	脳内投与	D
	大槽内 (小脳と脊髄背面にある最大のクモ膜下槽) 投与	B
	経鼻／耳	B
	麻酔下眼窩静脈叢への投与 (HEPATOLOGY, Vol.35,No4, 2002)	C
	点眼	C
	両目への刺激物点眼	D
	麻酔下気管内	D
	麻酔下門脈内	B
	麻酔下胃腸内	B
	直腸	B
	B レベルの反復投与	C
	開腹して臓器への投与 (肝臓、腎臓など)	D

	実験処置	苦痛度レベル
投与物質	乳酸球菌の経口投与	B
	DDS粒子の投与	B
	FCAを含む抗原の投与	D
	両足へのFCAを含む抗原投与	E
	FCA以外のアジュバントを含む抗原の投与	C
	腹腔内へ蛋白抗原を投与し抗体作製	C
	動物が死亡するような毒性用量投与	D
	発癌物質投与	D
	LPSの投与	C
	毒性用量のLPS投与	D
	腹腔へ刺激性の著しい薬剤（チオグリコレート溶液、ZymosanA、複合糖質他）を投与して細胞を浸潤させる	D
	ハイブリドーマ細胞を腹腔内に注射して腹水を貯留させる	D
	幹細胞あるいは癌細胞の投与	D

2. 採血

　繰り返し採血の場合は、採血量と採血の間隔を実験計画書に記載する。ほとんどの採血処置自体の苦痛度レベルは低いが、実験実施者は採血の結果個体に生じる物理的・機能的障害に注目すべきである。

表 2-6　採血処置とその苦痛度レベル

実験処置	苦痛度レベル
尾静脈、耳介静脈、伏在静脈、頚静脈穿刺による一部採血	B
尾先端の切除による一部採血	C
留置カテーテルからの一部採血（カテーテル留置は別手技）	B
麻酔下　舌下静脈からの一部採血	C
麻酔下　眼窩静脈叢からの一部採血	D
麻酔下　全採血（放血）：　部位としては頚動脈、頚静脈および腹大動脈　最終処分として:後大静脈、下大静脈（ヒトでの用語）、心臓穿刺	B
採血量の上限と回復期間の目安	
単回採血の場合	
循環血液量の7.5%採血の場合　回復期間　　1週間	
10%　　　　　　　　　　　2週間	
15%　　　　　　　　　　　3週間	

回復期間の目安例

マウス

<循環血液量　1.8ml／25gとして>

0.1ml採血　回復期間　1週間

0.2ml採血　回復期間　2週間

0.3ml採血　回復期間　3週間

ラット（ハムスターはラットに準じる）

<循環血液量18ml／250gとして>

1.4ml採血　回復期間　1週間

1.8ml採血　回復期間　2週間

2.7ml採血　回復期間　3週間

<欧州代替法バリデーションセンター資料を応用>

左欄の回復期間の目安例（マウス）に示した採血量0.1ml以内で採血間隔1週間以上であればB、1週間以下であればCとする。採血量が多くなっても、上記と同様の考え方をする。

ラットの場合も採血量と回復期間から判断する。

24時間以内の頻回採血の場合

循環血液量の7.5%採血	回復期間	1週間
10-15%		2週間
15-20%		4週間

回復期間の目安例

マウス

<循環血液量　1.8ml／25gとして>

24時間以内の総採血量　0.1ml採血　　回復期間　1週間

0.2−0.3ml採血　回復期間　2週間

0.3−0.4ml採血　回復期間　4週間

ラット（ハムスターはラットに準じる）

<循環血液量18ml／250gとして>

24時間以内の総採血量　1.4ml採血　　回復期間　1週間

1.8−2.7ml採血　回復期間　2週間

2.7−3.6ml採血　回復期間　4週間

<欧州代替法バリデーションセンター資料を応用>

左欄の回復期間の目安例（マウス）に示した採血量0.1ml以内で採血間隔1週間以上であればC、1週間以下であればDとする。採血量が多くなっても、上記と同様の考え方をする。

ラットの場合も採血量と回復期間から判断する。

3. 拘束

動物の長時間拘束を伴う動物実験の場合、動物実験計画書に、拘束器具への順応法、拘束中の動物観察、実験の中断・終了時期の判断、また拘束中の給餌、給水について記述しなければならない。

表2-7　拘束処置とその苦痛度レベル

実験処置	苦痛度レベル
拘束器具による15分以内の固定	B
代謝ケージを用いて尿、糞、胆汁採取	B
麻酔下の固定	B
2、3時間以内の固定 例:モンキーチェアー、ボールマンケージなどによる2、3時間以内の拘束	C
6-8時間までの拘束 例:モンキーチェアー、ボールマンケージなどによる数時間以上の拘束 (この場合、給水が行われていることを原則とする)	D
吸入暴露チャンバー内で1日6時間、週5日間トータル1か月微粒子水溶液を暴露する	D
実験箱に入れ長時間光刺激を遮断(暗闇)すること	D
摂水・摂食できる状態での2週間までの拘束 (体重が15%以上減るような実験では、Harm & Benefitを明らかにする必要がある)	D

4. 手術

4-1) 非生存手術 (動物は手術中の麻酔から覚醒する前に安楽死させられる)

表2-8　非生存手術とその苦痛度レベル

実験処置	苦痛度レベル
胆管カニュレーション	B
脳内へのカニュレーション	B
脳への電極挿入	B
胎児の低温麻酔	B

4-2) 生存手術（手術終了後麻酔から回復した動物を実験に使用する）

　　大規模手術では、体腔が侵襲・露出されるか物理的・生化学的な損傷が実質にもたらされる（開腹術、開胸術、開頭術、四肢切断術）。

　　小規模手術では、体腔の露出はなく、物理学的損傷はほとんどあるいはまったく生じない（傷口の縫合、末梢血管へのカニューレ挿入など）。手術に際しては、麻酔して手術をするから痛みがないと判断するのではなく、術後の痛みに対する鎮痛剤投与、感染防止抗生物質の使用、必要に応じての補液なども考慮すべきである。また、麻酔／覚醒時には保温の配慮も必要である。

　　痛みの判定は、術後の痛み、生体への生理学的・物理的・機能的障害についても考慮すべきである。

表 2-9　生存手術とその苦痛度レベル

実験処置	苦痛度レベル
皮下、腹腔へ浸透圧ポンプ埋め込み	C
動（静）脈へカテーテル留置	C
脳内へマイクロダイアリシスプローブ（微少透析管）を挿入 マイクロダイアリシス法 （脳の実質には感覚がないが脳に損傷を与えている）	C
脳硬膜を貫通し、ガイドカニューレを設置（セメント固定）	C
血管内へバルーンカテーテル挿入（血管拡張による血管損傷による再狭窄）	C
動（静）脈結紮（狭窄、あるいは閉塞）（血流遮断後の解除含む） 血流再開までの時間により "D"	CorD
中大脳動脈に栓塞糸を挿入して脳虚血を作製（糸は一定時間後引き抜き再還流）	C
胃腸の結紮（狭窄、あるいは閉塞）{ 狭窄の場合はC／閉塞する場合はD }	CorD
片側尿管結紮（狭窄、あるいは閉塞）　腎不全モデル{ 狭窄の場合はC／閉塞する場合はD }	CorD
腎血管結紮（狭窄、あるいは閉塞）{ 狭窄の場合はC／閉塞する場合はD }	CorD
胆管結紮（胆管の狭窄、あるいは閉塞）{ 狭窄の場合はC／閉塞する場合はD }	CorD
小切開しての卵巣摘出など	C
小切開しての精管結紮	C
5/6腎摘出による慢性腎不全モデル	D

実験処置	苦痛度レベル
片側頚動脈狭窄 (cuff injury model 片側頚動脈にカフを巻いて狭窄して作製する血管内膜肥厚モデルなど)	C
子宮に胚を移植する	C
皮下へ高分子材料の移植	C
下垂体を摘出除去する	D
ラット大腿骨に5mmの欠損作製	D
ラット口蓋骨に直径2.4mmの欠損作製	D
ウサギ大腿骨に直径2.6×11mmの欠損作製	D
ウサギ膝関節軟骨に5×3mmの欠損作製	D
小切開して幹細胞を脾臓、腎臓、盲腸皮膜下に注射する	D
片側頚動脈を結紮処置その後結紮解除して狭窄処置をする	C
血流障害の結果血小板破綻が起き血栓が形成され、動脈硬化を作る	
テレメトリーセンサーと発信機 (血圧、心拍数、ECG、体温その他) を体内、腹大動脈などに埋め込む	C
開腹、子宮を露出し胎児の脳にDNAを注入後パルス電流を流し、脳室に面した神経細胞にDNAを導入する。その後閉腹する (子宮内エレクトロポレーション法)	C
ラットの大腿骨に1.5mm角の穴を開ける	D
脳へ電極を埋め込むこと (開頭せずにドリルで頭蓋骨に穴を開けて脳に刺入) この処置により神経的・身体的機能障害が生じない場合。電極刺入部位によっては障害が生じる場合があるので、神経的・身体的機能障害が生じる場合は苦痛度レベルを "D" とする。	C or D
頭部固定用金具装着 (サル)	C
眼位測定用アイコイルを結膜下に埋めこむ	C
皮膚および骨膜を切開し骨に穴を開けスクリューを挿入する	D
マウス背部皮膚全層を直径1.6cm切除する	C
麻酔下における外科処置で処置後に著しい不快感を伴うもの (同一個体にこのような処置を複数箇所加えることはしない)	D
脳にキノリン酸などの薬物を注入して脳損傷部位を作製する (Boulougouris et al,2007) 部位および損傷の大きさにより苦痛度が変わる	CorD
光感受性物質 (ローズベンガルなど) を静注後ファイバー光源により標的部位 (あらかじめ骨を薄く削っておく) に光を照射し局所的脳梗塞モデルを作製する。(Photothrombosis法) 部位および損傷の大きさにより苦痛度が変わる	CorD
無麻酔動物の手術	承認しない
手術する際に麻酔薬を使わず、筋弛緩薬あるいは麻痺性薬剤 (サクシニールコリンその他クラーレ様作用薬剤) を使うこと	承認しない

5. 手術によらない病態モデルの作製

作製した病態モデル動物の症状が重篤になったときの処置法を実験計画書に記述する。

モデル動物の病態の程度によって苦痛のレベルが異なる。

表 2-10　手術によらない病態モデルの作製とその苦痛度レベル

実験処置	苦痛度レベル
糖尿病モデル (ストレプトゾトシンなどの投与)	C
腎障害モデル (免疫性の腎障害他)	C
急性肝炎／肝障害　(四塩化炭素モデルなど)	D
腫瘍細胞移植 (癌細胞含む)	D
抗体作製 (FCA使用の場合は投与の項参照)	C
抗原蛋白混餌投与による食物アレルギーモデル作製	C
薬物 (LPSなど) ip投与による炎症モデルラット作製	C
過敏症モデル	C
動脈硬化モデル (飼料、遺伝子組換え動物)	C
麻薬覚醒剤依存モデルマウス作製	D
感染モデル作製	D
薬物 (6-ヒドロキシドーパミン) 大槽内投与による脳発達傷害 モデル作製 Nature 261, 153-155, 1976；Science 191, 305-308, 1976	D
薬物 (デキストランスルホン酸ナトリウム:DDS、トリニトロベンゼンスル フォン酸 (TNBS)、オキサザロンなど) 投与による大腸炎モデル作製	D
薬物 (フェンシクリジンなど) 投与による統合失調症モデル (神経疾患) 作 製	D
薬物 (カイニン酸など) 投与によるテンカンモデルラット作製	D
薬物 (抗うつ剤など) 投与によるうつ病モデルラット作製	D
最長16時間拘束によるうつ病モデルラット作製	D
最長24時間手足水浸によるうつ病モデルラット作製	D
12時間ごとの明暗条件かく乱によるうつ病モデルラット作製	D
発癌物質投与による癌モデル作製 (Ethyl-carbamate:ウレタン)	D
遺伝子改変動物を含む重篤な疾患モデル作製	D
環境中の重力の場、照明、騒音、温度、湿度、大気圧、酸素などを変更する 実験で重度な痛みやストレスを生じる実験	D
処置後の苦痛を伴う解剖学的あるいは生理学的欠失、あるいは障害を起 こすこと	D

実験処置	苦痛度レベル
他の病態モデル作製	委員会判定
サル類、イヌ、ネコに精神病のような行動を起こさせる実験 （ラットへの代替はできないか検討）	E
麻酔下で重度の火傷や外傷を引き起こすこと（術後の観察、鎮痛薬、抗生剤の投与、人道的エンドポイントの考慮）	E
無麻酔で重度の火傷や外傷を引き起こす	承認しない
中枢神経を傷害し、自身あるいは同居動物を損傷させるような攻撃的行動を取らせること	承認しない

6. 無麻酔下で行う他の処置

表 2-11　無麻酔下で行う処置とその苦痛度レベル

実験処置	苦痛度レベル
2-3時間の絶食・絶水	B
摂水できる状態での24時間までの絶食	C
摂水できる状態での48時間までの拘束 （体重が15%以上減るような実験では、Harm & Benefitを明らかにする必要がある）	D
摂水できない状態での16時間以上の絶食（マウス、100g以下のラット） このような実験では、Harm&Benefitを明らかにする必要がある。 給水制限をする場合は以下の記録をとるよう努める。 ・毎日の摂水、摂餌量と体重 ・実験期間と動物の将来の使用予定 ・加えられるすべての処置 次の場合には、水を与える量を多くする ・脱水症状が認められるとき ・体重の減少が認められるとき 　（水が飲めないときは固形飼料を食べなくなる）	D
尾端切除（できれば耳パンチによる材料採取へ変更）	C
トランスジェニック動物などの繁殖・育種	B
本来の母親に代わり不適切な代理母を与えること （除く、マウス、ラット、ウサギなどのSPF化の際の里親）	D
行動学的実験において故意にストレスを加えること	D
腫瘍部位に限局して放射線を照射すること	C
放射線障害（免疫応答除去を惹起すること、結果として免疫不全、易感染性など）	D
紫外線を照射する	D
低酸素あるいは酸素富化条件下（5%-30%）で2週間までの飼育（ストレス実験）	D
低温状態（4℃）で1日最大12時間、連続して最大2週間までの飼育（ストレス実験）（水・餌は自由摂取）	D
化学的ストレスとして薬物を経口、腹腔、吸入投与し最大4週間飼育する	D

実験処置	苦痛度レベル
ストレスやショックの実験	D
麻酔薬を使用しないで痛みを与えること、たとえば毒性試験で動物が死に至るような処置をすること	D

　絶食、絶水、とくに絶水は生理学的に影響が大きい。実験上の必要性については十分吟味すべきである。

7. 測定・観察

　ことわらない限り無麻酔、麻酔・手術を伴う場合は、麻酔から覚醒させない（非生存手術）。試験に際し、拘束 / 絶食 / 手術などの他の要素を含むときは、実験計画書にその処置の苦痛度レベルも併記する。

表 2-12　機能測定、生理学的測定などとその苦痛度レベル

実験処置	苦痛度レベル
迷路試験（Barnes circular maze、Y-maze、Plus-maze高架式十字、他）（学習、記憶力の評価）	B
スキナー箱でのレバー押し行動測定など（学習、記憶力評価）	B
水迷路試験（学習、記憶力の評価）　動物を強制的に水につけることは胃潰瘍ができるほどのストレスとなることに留意	C
ローターロッド試験（回転棒による運動機能測定）	B
オープンフィールド試験（不安や恐怖などの情動性の評価）	B
探索能、行動量測定試験dipping test	B
餌取り試行（学習、記憶力の評価）	B
外部刺激に対するレバー押し応答試験（学習、記憶力の評価）	C
非観血的血圧測定（尾静脈、テレメトリー埋め込み動物など）	B
観血的血圧測定（麻酔から覚醒させない）	B
心電図測定	B
直腸温測定	B
行動観察	B
測定・記録器を用いた行動量測定	B
短時間の痛覚試験（鎮痛効果測定）　圧刺激試験、テールフリック試験、つまみ試験、ホットプレート試験、フリンチジャンプ試験 痛覚の試験はより苦痛度の少ない実験法への代替を検討する	C
麻酔下固定状態でX線、PET、MRI、ECHO機器により体内部の臓器、血管などの状態を測定する	B
血流量測定（麻酔下で動脈プローブ用いる）	B
脳に挿入された電極を用いて脳に電気刺激を与え神経活動を電気生理計測する。電流刺激の頻度、電流100mA以上など脳細胞に損傷を与えるならば苦痛度は高くなる	CorD

8. 安楽死

安楽死処分の実施者には、安楽死技術と死の確認に対する技術修得が必須である。

安楽死は熟練者によって行わなければならない。死の確認は、心停止により行う。

表 2-13　安楽死処置とその苦痛度レベル

実験処置	苦痛度レベル
頚椎脱臼（マウスと200g以下のラットで実施）	B
断頭　（Guillotineという語句は用いない!）	B
チャンバーなどでCO_2ボンベから供給されるガスを吸引させるドライアイスを用いての処置は、ガス濃度のコントロールが難しいので死までの時間が長引き不適である	B
過剰量の麻酔薬投与（吸入麻酔、注射麻酔）	B
麻酔下放血（全採血）または静脈切開	B
麻酔下での塩化カルシウム液投与（必ず麻酔下で実施すること）	B
家庭用の電子レンジあるいは硝酸ストリキニネを用いて動物を殺すこと	承認しない
避けることのできない重度のストレスを与えて殺すこと（長期にわたる絶食、絶水、拘束、溺死、その他）	承認しない

用語使用上の注意：kill（殺す）、dispatch（殺す）、sacrifice（自らの意思による犠牲死）、slaughter（屠殺）という語句は用いない。

資料 2 参考文献等

①動物実験の適正な実施に向けたガイドライン, 日本学術会議, 2006
②（公社）日本実験動物協会, 動物実験研修会資料
③欧州代替法バリデーションセンター資料
④ Laboratory Animal Science. Special Issue : 11-13, 1987, 邦訳「実験動物海外技術情報」No.7. p14-17.1989（（公社）日本実験動物協会
⑤鍵山直子, 薬理学雑誌, Vol.131（2008）, No.3 187-193
⑥M.D.Man n etc. Appropriate Animal Numbers in Biomedical Research in Light Animal Welfare Considerations ; Laboratory Animal Science. 41 (1), 6-14,1991

2. 教育訓練手順書と動物実験に関する教育訓練プログラム

（1）動物実験実施のための教育訓練手順書

1）教育訓練の目的
　本手順書は、動物実験実施に関する法規、動物福祉ならびに動物実験成績の信頼性向上、その他について、職場の教育訓練を通じて知識や技能を修得させ、また前向きに意識を変化させることを目的とする。

[説明]
　法令およびガイドラインは、機関長の責務として教育訓練の実施を求めている。

　動物実験の場の教育訓練の多くは"現場任せ"であり、効果的な人材育成が望めない状況にある。個人や、企業にとって役に立つ教育訓練プログラムを整備することは動物実験の実施に当たって必須事項である。

　「動物の愛護及び管理に関する法律」（以下動愛法という）。「実験動物の飼養及び保管並びに苦痛の軽減に関する基準」（実験動物基準という）、文部科学省／厚生労働省／農林水産省[注1] の動物実験に関する指針（以下基本指針という）、日本学術会議の「適正な動物実験の実施に向けたガイドライン」（以下動物実験ガイドラインという）および機関[注2] 内規程を順守して、適正な動物実験を実施するため、必要な事項を教育訓練する。実施は、以下への活用が期待できる。

注1：所属する機関を所轄する省の動物実験基本指針を遵守する。
注2：機関は、所属する機関名に置き換える（例○○大学動物実験施設、△○会社研究所）

①実験実施者および飼養者（以下動物飼育技術者という）の技能向上を図る手段となり、機関内で実施される動物実験の質（精度）保障の一環となる。
②技能の向上は、動物に対する苦痛軽減に役立ち、ひいては動物実験の質保証にもかかわる。

③定期的に教育訓練記録を見直すことによって、技能継続／向上状況を把握でき、必要な追加教育訓練実施の参考とすることができる。

④使用している教育訓練SOP、テキストなどの更新の必要部分の抽出ができる。

⑤機関内訓練（セミナー、実地訓練）状況の記録となり、機関内自己点検／評価、第三者による検証の際の資料として有用となる。

1）-1　動愛法と教育訓練

　動物実験における動愛法の運用のためには、法の内容を解釈して何をしなければならないかを判断することが必要である。第2、7の条文からは、組織の整備、規則他の明文化などが法律の運用として必要なことが読み取れる。法の周知徹底と組織の運営のためには、教育が必要である。

　第2条、7条、40条、41条の動物実験に関連する条文からは、動物実験の実施には教育訓練が必須であることが読み取れる。

表2-14　動愛法の条文解釈例

第2条	みだりに殺し、傷つけ、苦しめない	習性を考慮して適正な取扱い
基本原則	⬇	⬇
	動物福祉に関する説明の明確化 動物福祉に関する規則等の整備 職員への周知徹底とその確認	飼育管理組織の整備と文書化 飼育手順書の整備 研修記録とその保存
第7条	適正に飼養・保管する	動物の健康、安全を保持する
飼い主責任 衛生管理	⬇	⬇
	実験動物飼養保管基準の遵守	衛生管理基準の整備と明文化 微生物モニタリングまたは健康診断実施 衛生を管理する者の選任 手順書に準じた衛生管理の確認・記録

原図作成：鍵山直子氏

表 2-15　動愛法解釈例

第40条 第41条 安楽死処置	動物を殺さなければならないとき、できるだけ動物に苦痛を与えない 科学上の利用に供した後、回復の見込みがない動物の処分方法 ⇩ 安楽死の実施と実施基準の規定 実施手順書の整備 実施者・認定者の教育・訓練と選任 処分の記録とその保管 処分数減少努力と方法の文書化
第41条 科学上の利用に 供する 動物の取扱い	できる限り動物を供する方法に代わりうるものを利用 できる限り動物数を少なく 利用に必要な限度の苦痛軽減措置 ⇩ 教育訓練規定の整備 動物福祉に関する教育カリキュラム 教育訓練方法の文書化 研究記録とその保存

原図作成：鍵山直子氏

1）-2　動物実験に関する基本指針と教育訓練

　動愛法、実験動物基準を受けて文科、厚労、農水の3省が策定した基本指針は教育訓練について次のように述べている。

①3省とも、<u>教育訓練の実施責任者を機関等の長</u>と明確にし、教育対象者も実験実施者ならびに飼養者を合わせて実験実施者と呼び、<u>飼養者は適正な動物実験実施に必要な一員</u>とみなしている。

②教育訓練の内容

・文科省第6の1：<u>動物実験等の実施並びに実験動物の飼養及び保管を適切に実施するために必要な基礎知識の修得</u>を目的とした教育訓練の実施その他動物実験実施者等の<u>資質向上</u>を図るために必要な措置を講ずること。

・厚労省第2の6：<u>実験等の実施並びに実験動物の適切な飼養及び保管に関する知識を修得</u>させるための教育訓練の実施その他動物実験実施者等の<u>資質向上</u>を図るために必要な措置を講ずること。

・農水省第2の5：適正な<u>動物実験等の実施並びに実験動物の適正な飼養及び保管を行うために、感染症等についての必要な基礎知識の修得を目的とした教育訓練の実施</u>その他動物実験実施者等の<u>資質向上</u>を図るために必要な措置を講ずること。3省とも教育訓練の概要について述べ、具体的内容については機関等の長に任せている。

1）-3　動物実験ガイドラインと教育訓練

　日本学術会議は文科省、厚労省の依頼を受けて動物実験ガイドラインを作成した。この第 10 項には動物実験関係者への教育訓練の実施時期、教育訓練の項目が述べられている。

表 2-16　日本学術会議動物実験ガイドライン

第 10
　機関等の長は、実験動物管理者、動物実験実施者および飼養者の別に応じて必要な教育訓練が確保されるように努める。教育訓練は、動物実験に従事する前に実施する必要があり、その後も必要に応じて実施することが望ましい。教育訓練の項目は、機関等の業務の内容を勘案して規定等で定める。適正な動物実験等の実施の観点から、次の項目を教育訓練の対象に加えることが望ましい。
・関連法令、条例、指針および規程に関する事項
・動物実験等および実験動物の取扱いに関する事項
・実験動物の飼養に関する事項
・安全確保に関する事項
・施設等の利用に関する事項

　動物実験の機関管理に当たって、実験実施者は動愛法を遵守して、動物実験ガイドラインを参考に動物実験を進めることになる。研究機関では機関の業務の内容を勘案して、動物実験ガイドラインに例示された事項を実験動物管理者、動物実験実施者、実験動物技術者および動物実験委員会委員に対し、それぞれに必要な範囲の教育訓練を行う必要がある。

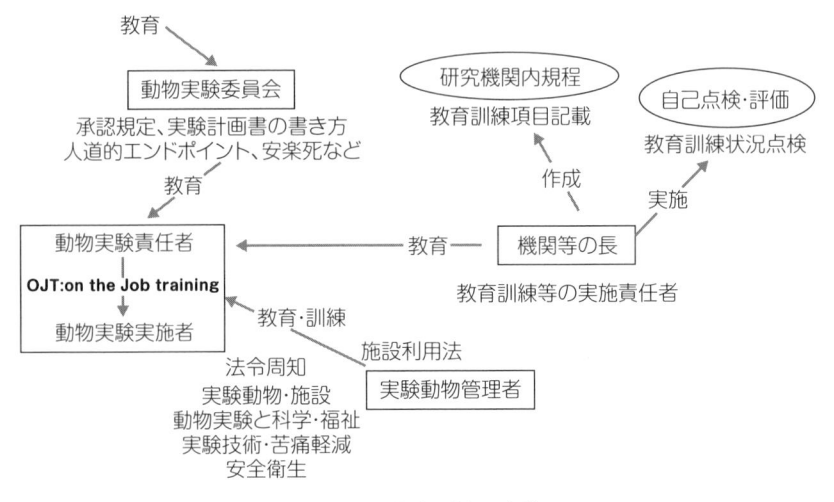

図2-11　教育訓練の実際

2）教育訓練の対象者

（機関の長）は職員に対して動物実験にかかわる必要な教育を行わなければならない。

必要な教育項目、教育責任者、対象者を表2-17に示す。

各教育責任者は、別に定める内容、手順で教育訓練を実施する。

［説明］

教育訓練は、自己啓発、OJT（On the Job Training: 仕事を通じての指導）、Off-JT（Off the Job Training：集合教育）が教育の三本柱といわれている。

配属後の職場では、実際の仕事を担当し、その成果（なしえたよい結果）をあげていくことができるようになるために必要な知識・技術が教えられ、実際に経験させていく。全新入社員対象の研修で教えることは、集合教育（一部実習）によって会社全体に共通することがら、動物実験に最小限必要な事項を教えていく。

なお、業務訓練が主に行われ、ビジネスマナーが軽く見られがちであるが、研究者にとってもビジネスマナーは重要である。

2) -1 教育訓練の受講対象者

　機関内で新たに動物実験を行う新規動物実験実施者、新規実験動物技術者等に教育訓練を実施する。動物福祉啓蒙のために一般所員を対象とすることもある。

　なお、新規の動物実験委員会メンバーとなった委員に対する教育は往々にして実施されない例が多いようなので、適切な動物実験審査のため教育対象として考慮すべきである。

2) -2 教育訓練講師

①全体教育の教育訓練講師は、内外の実験動物の知識、および動物実験の技能と経験を有した者で、機関の責任者、動物実験委員会、あるいは、動物管理責任者により指名（委託）された者が行う。

②全体教育とは別に行う各研究室等でのOJTは、研究室の管理者および動物実験責任者が適宜実施する。

③サル類を扱う所員の教育訓練講師には、人獣共通感染症（ヘルペスB、結核その他）に対し予防および感染対処知識を有する者を加えることが望ましい。

2) -3　対象者別集合教育訓練内容と実施時期

　教育訓練は、教育訓練SOP（マニュアル）に定められた内容とスケジュールによって実施する。

表2-17　集合教育訓練実施の概要

教育項目	教育実施責任者	対象者	実施頻度	方法
職場の概要	動物管理責任者	新規配属者	配属時	職場紹介資料
飼育管理、感染防御	動物管理責任者	新規配属者	配属時随時	ビデオ飼育管理SOP
実験動物動物実験	動物管理責任者／実験責任者	新規配属者実験実施者	配属時随時	動物実験規程テキスト学会、研修会
法規、規定、SOP	動物実験委員会	新規配属者全所員	配属時改定時	改法規、改規定SOPなど
動物実験責任者教育	機関長指名者	実験責任者	随時	外部研修など
動物実験委員会委員教育	動物実験委員会委員長	委員会委員	新規任命時随時	テキスト、委員会参加など

　教育の最終責任者は、（機関の長）であるが、この表では実施責任者を示している。

① 動物実験を新規に実施しようとする所員等へのオリエンテーション実施時期は、新年度の年初および法改正時などに以下の項目を参考に適宜実施する。教育内容を具体的に明示するため、資料、テキストなどを作成しておくとよい。資料として「実験実施者に求められるステップ別技能の解説」、テキストとして『アニマルマネジメント』（アドスリー，2007）が活用できる。

　　-1 関連法令、指針、ガイドラインに関しての重要事項
　　-2 安全と健康に関する事項
　　-3 動物実験施設と使用ルール
　　-4 動物実験実施に際して必要な知識および留意点
　　-5 動物実験技術に関する事項

② 動物実験実施者への追加教育訓練（随時）
　　-1 法改正周知など必要な追加事項のフォローアップ
　　-2 動物実験に関連しない所員等へ、動物実験に対する正しい理解を深めるためのセミナー
　　-3 動物実験実施者への、生きた動物モデルを使用しないことへの代替手段。あるいは、より苦痛度の低い実験方法への代替法を検討するための科学論文の検索法の講習・演習
　　-4 実験動物技術者への技能向上のための継続教育として関連学会、諸内外で行われる関連講習会、研修会への参加（OFF-JT：集合研修）

③ 動物実験委員会委員への教育訓練（随時）
　　適正に動物実験計画書の審査が実施できるよう、動物実験に関する法的、科学的、福祉的な知識を修得するために、任命後早い時期に③ -1、-2、-3 を行う。
　　-1 新規委員に対して、機関内で用いている実験動物と動物実験に関する資料、テキストの説明
　　-2 動物実験規程、動物実験委員会規定、動物実験承認規定の説明
　　-3 苦痛度の評価、適正な動物数、実験小動物の麻酔、その他の資料配布その後委員会への参加で実際に実務の経験をつむ
　　-4 委員会への参加、実験実施調査への参加
　　-5 所内外の講習会などへの参加

④動物管理部門担当者への教育訓練

適正に動物実験施設および実験動物の飼育管理を行うための技能の修得。方法、内容は SOP による。

-1 動物実験技術者にステップ別技能要件を示し修得する事項を確認する。

-2 実験動物技術者 2 級の未取得者には業務の最低要件として 2 級受験を指導する。

-3 2 級取得者には早い時期に 1 級取得をサポートする。

⑤飼育管理業務委託スタッフ（実験動物技術者）への教育訓練

機関規則および在籍会社の規則を順守し、適切な業務を行うための技能を習得させる。

-1 動物実験技術者のステップ別技能要件を示し、修得する事項を認識する。

参考資料「実験動物飼育管理業務に求められる技能解説」および参考図書『アニマルマネジメント』

-2 実験動物技術者 2 級の未取得者には業務の最低要件として 2 級受験の指導を行う。

-3 方法、内容は SOP による。

-4 飼育管理研修内容を明確にするため、テキストを使用する。

-5 飼育管理実務研修のために業務委託側会社の責任者の定める実習による OJT 期間を設定する。

2) -4　対象者別（個別）教育訓練内容と実施時期

①個別教育プログラムの視覚化

一般的に行われている教育訓練は、表 2-17（p.117）のように、内容と指導者、対象者を決めて一方向的に主に集合研修（一部実習）として行われている。しかしながら実験業務実施上は、技能の向上が必須であり、上司、先輩による OJT が行われなければならない。しかし、配属後の OJT は個別教育であり、日常業務遂行に必要なすべての知識・技術や経験が対象となるので、それらの範囲やステップの設定が個人個人となり難しくなる。

教育の中心となる OJT は職場の上司、先輩が行うことが多く、習得で

きる知識や技能の範囲は指導者となる先輩社員の力量に多く左右され、配属先によって当たり、外れが生じる。教育に当たっては場当たり的なOJTを体系的教育訓練プログラムとして整備する必要がある。

個別プログラムの作成に当たっては、受講者の技能の現状と会社が求める"あるべき姿"（自己啓発の目標）全体を定量的に視覚化できるようにする（図2-12）。こうすることによって受講者本人がいつ何をすればよいかが理解でき、上司もどの時期に、どのような援助をすればよいかがわかり効率よい教育訓練が実施できる。

p.129〜161に実験実施者対象の、また；p.161〜191に飼育管理部門担当者対象のプログラムの視覚化の例と項目ごとの解説を述べている。対象に応じて利用する。

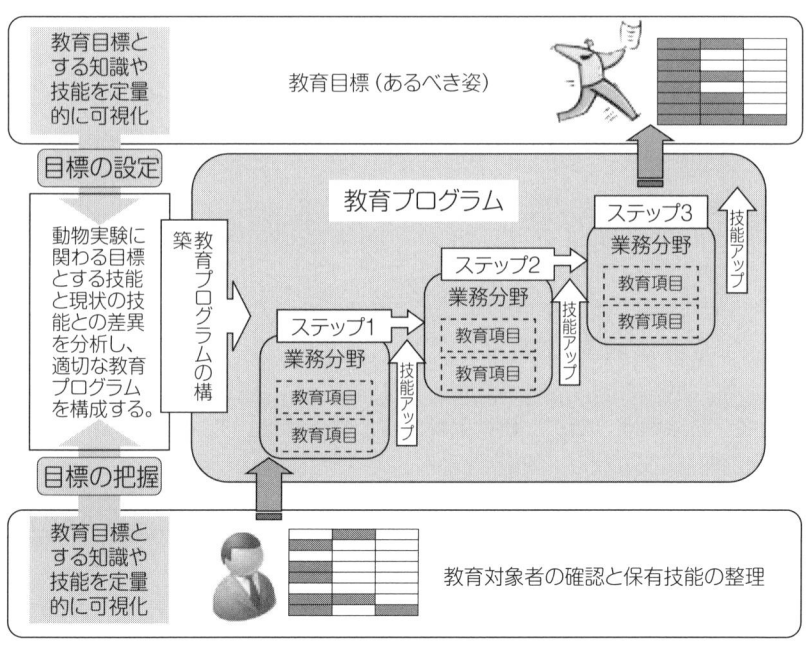

@IT Monoistの「教育カリキュラムの目的」の図を改変
(http://monoist.atmarkit.co.jp/mn/articles/0604/20/news138.html)

図2-12　個別教育でのプログラムの作成

②OJT の進め方

個別教育は主として OJT で行われる。OJT は一般的に一対一で手に手をとって（付きっきりで）教えることのようにとらえられているが、OJT 実施者は、以下の OJT の真意を理解しながら仕事を進めないと成功しないと言われている。

・OJT というのは仕事のさせ方
・仕事の区切りでの評価の仕方
・仕事についての声のかけ方

・やって見せ、言って聞かせて、させてみて、ほめてやらねば、人は動かず。
・話し合い、耳を傾け、承認し、任せてやらねば、人は育たず。
・やっている姿を感謝で見守り、信頼せねば、人は実らず。

<山本五十六>

OJT の進め方については、仕事を与えるとき、その目的についてだけよい方法を考えさせたり、任せたり、何かの疑問に対し、「君ならどうする、どう考える」という簡単な質問をすることが育成に役立つといわれている。

新規実験実施者の OJT の場合に失敗しやすいのは、実施する人が対象となる新規実験実施者の実態を把握しないままに行おうとすることから起こるミスマッチによるところが多い。たとえば、「新人といえども、大学を出たなら、これくらいのことはわかって当然」という思い込みがあったりする。また、「新人はまったく社会経験がなく、組織的な活動のイロハも知らない」という思い込みもある。しかし、実際にはかなりの知識や経験を持っている場合もある。したがって表 2-18 〜 20（p.138 〜 140）、表 2-21 〜 24（p.164 〜 167）のように初めに教育対象者の持つ技能を把握しこれを定量的に可視化することは、教える側、教わる側に有用である。

2）-5　OJT は基礎をよく教えることから

動物実験には、生理学・解剖学・遺伝学・微生物学といった基礎学問があって、動物実験実施の過程ではそれらを応用していく形になっている。新規実験実施者の OJT も同様に、最初に基本的事項をきちんと理解させ

ずに性急に実践的なことを教えても、実務能力はなかなか身に付かない。初めは手ぬるく感じられようとも、じっくりと腰を据えて基礎的なことを教える。

　何が基礎的なことであるかは、後述の各技能ごとの解説を参考にする。動物実験業務を実施するためには実験動物2級技術者ステップ2の知識・技術が必要である。したがって業務上必要な事柄を2級技術者ステップの知識・技術に基づいて説明して、やって見せて、させてみる。現場で基礎的なことをじっくり教え、考えさせることが重要である。

2) -6　なぜそうするのか

　OJTでは新規実験実施者に割り当てる仕事を決め、その仕事をどう進めればよいか、それはなぜなのかを考えさせ、それを教えていけばよいのである。人は理解しても納得しないと行動を起こさないと言われている。

　仕事の進め方については、指導者は常に効率的・効果的にという観点からチェックしているはずである。新規実験従事者に割り当てた仕事をどう進めるかは、十分承知しているはずである。現在の進め方になっている理由も十分知っているに違いない。もしも知らなければ、この際考え、OJTに役立てるとともに、仕事改善の基礎資料に活用すればよい。

具体的には

①いつまでに、どのような成果を上げればよいか、という目標を確認させつつ仕事を割り当てる。（例：1年間でステップ1をマスターさせる。ステップ2は2年の実務経験が必要であるが一部の項目をマスターさせることは差し支えない）

②それをどのような手順で行っていけばよいかを言って聞かせる。この時、「資料：技能解説」報告書の様式などを示しながら説明すると解りやすい。初めて実務をする新人社員に、何をどうすればよいのかというイメージを描かせることが大切である。同時に“なぜ”そのような方法で仕事を進めていくのがよいかという点についても言って聞かせておく。説明は、割り当てた仕事に関係ある範囲にとどめておく（欲張らない）。経験豊富な指導者は、広く色々な事例を知っているので、それらを一気に教え込もうとしがちだが、これは新規実験実施者の頭を混乱させるだけで、仕事の進め方について自信を失わせてしまう結果となりやすいので注意する。

③説明が終わったら不明な部分を質問させ、あいまいなまま実務に入らな

いようにする。

2）-7　新規実験従事者の OJT には時間をかけて一歩一歩確実に

　OJT の期間は約 6 か月というのが普通の見方である。その理由は、仕事というものはどの会社でも年度主義で動いているので、その半分の期間が過ぎれば誰でも職場になじむことができて、一人前の活動ができるはずだという見方ができるからである。

　また、1 年も経てば次の新入社員が入ってくるのだから、それまでには現在の新入社員が一人前になっていてもらわないと困る、という現実的な思いもあると考えられるからである。しかし、実際の基礎的な OJT は、十分に独り立ちをするためには、1 年から 1 年半はかかる。職場の状況を見て決める必要がる。

先輩と後輩「共育」の考え方で！

2）-8　OJT は、時間がかかっても、一歩一歩確実に

　具体的には、次のように考える。

①基礎的な事項に重点をおいて

　仕事を進めていく上で必要になる基礎的な事項に的を絞って行う。担当する仕事の周辺の知識や経験は、順を追って教えていくように、計画的に考える。

②計画的に順を追って

　新規実験従事者の OJT は、「いつまでに、どのようなことをどの程度実行できるように指導していくか」という具体的な計画の下に行わなければ効果が期待できない。

　「資料：技能解説」OJT 計画表（ワークシート）を使って確実に実行していく。

③教え方の基本を踏まえて

　新規動物実験実施者に対する OJT の特徴は、実践的な側面だけでなく、理論的な裏付けについても説明していかなければならないことである。この意味ではたとえば、次のような手順を踏んでいく。

　a．原則的なことから応用的なこと

　　・週 1 回ケージ交換をする

　　　→収容動物の多いケージは週 1 回に限らず汚れ具合を見て交換する

123

　　　　・注射器で採血する→翼状針を用いて吸引せずに採血する
　b.　単純なことから複雑なこと
　　　　・床をモップで拭く→消毒液を調整して床を拭く
　　　　・動物をつかむ→動物を保定する→薬を投与する
　c.　実例からそれに関する考え方へ
　　　　・給水ビンの水が出なかった→先管の気泡を抜かないと水が出ない
　　　　・投与する動物を取り違えた→個体識別の色素を塗りなおして明瞭に
　　　　する。
④実行の経過はきちんと追跡する
　指導した内容と新規動物実験実施者が実行した経過は、業務日誌や報告書、口頭による報告、同僚の観察などの方法によりチェックし、評価を含めてきちんと補い助けていくことが必要である（図2-13）。やりっぱなしにはさせない。

　指導者の"肯定的"評価は、新規動物実験実施者の業務実行への自信につながり、より高度な仕事への取り組みの強い動機付けとなる。"否定的"評価はやる気を失わせる。

　また、問題のある行動については、新規実験従事者の日常行動に定着する前に矯正すれば、容易に直すことができる（後になってからでは、初めは何もいわなかったのにいまさらダメだというのかと反感をかうことになる）。ある程度、指導の効果が蓄積されたら、指導の内容に自主性を含めていくように工夫し、自分で考えて行動できるように仕向けていく。

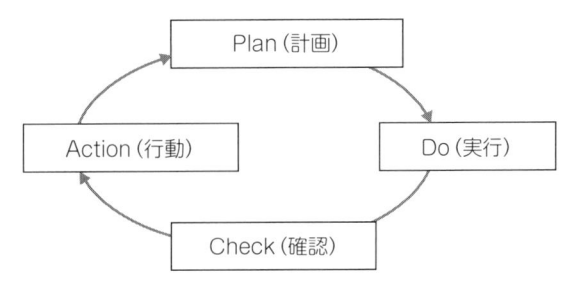

図2-13　仕事についての管理サイクル

2）-9　OJT を確実なものにするには

　指導者の思い描く受講者の技能について、知識、技能そして受講者の仕事への自覚と態度の３つの方向から指導していくのがよい。

　OJT は実施したということでなく、どう理解されたか、納得したか（どう身に付いたか）、活用／応用できる状態になったかを確認することが必要である。

　確認（チェック）　⇒　次の OJT 計画　⇒　OJT 実施と進める。

3）教育訓練の記録と保管

　各教育の責任者は、教育を実施した後、教育訓練記録等を作成し、（機関長）に提出する。

［説明］

　教育記録は、動物実験が適正な技能を持った実験実施者により実施されたという実験データの信頼性保証のために必要である。

① 記録

　-1　新規所員等への教育訓練の記録は、動物実験施設利用者研修会受講者名簿へ記録する。

　-2　実地訓練については、技術研修会ファイルに記録する。

　-3　動物福祉セミナーの内容、受講者については、動物実験委員会の事務局が記録する。

　-4　各研究室で行われる OJT、OFF-JT（Off the Job training）については、各研究室などで個人的または研究室単位で記録する。

②保管

-1 から -3 の教育訓練の記録は、動物管理部門で保管する。-4 の教育訓練の記録は、各研究室に保管する。教育訓練記録の保管期間は 5 年以上とする。

動物実験委員会は、教育訓練の記録のコピーを入手し、保管しておくと自己点検、第三者評価を受けるときに便利である。

記録

(2) 教育訓練プログラムの実際

1) 動物実験委員会委員のトレーニング

動物実験委員会委員へのトレーニングは、委員の審査の目をそろえるためにも集合研修が適切であるが、職務上委員の参加を求めることは難しい場合が多い。資料配布による個別教育とする。目をそろえるという観点からは、委員会での審議が集合実地教育となる。

①目的

動物実験委員会委員は、機関の長の任命により動物実験にかかわる分野の専門家、実験動物の専門家および動物実験にかかわらない有識者から委員が構成されている。地位のある有識者に対する教育訓練実施は難しいところがあるが、動物実験計画書の審査に当たって、動物実験委員会委員が、法令およびガイドライン、機関内規程はもとより動物実験実施者にどのような教育訓練が行われ、動物実験がどのように行われているかを知っていることは適正な審査の上で不可欠である。また、委員会の責務の一つでもある実験実施者の教育訓練を実施するためにも必要である。

②方法

法規集、機関内規程、動物実験に関するテキスト、動物実験関連資料を委員用の別ファイルにとじて各委員へ配布する。委員は資料に目を通したら、動物実験委員会委員長へファイルを受領し、内容に目を通した旨を書面で報告し、教育記録とする。この他に下記事項については、参加をもって委員の教育歴とする。

-1 動物実験委員会への参加

-2 動物実験状況調査への参加、動物実験処置の評価討議への参加

-3 機関内動物福祉講習会、法規説明会への参加

-a　定期：新規登録者、登録更新者への講習会
　　-b　随時：法改正、機関内規程改正、その他動物実験に関する講習会
-4　機関内外で行われる法規等の説明会、動物実験に関する講習会、学会などへの参加

③委員用ファイル内容
-1　法規などのコピー
-2　動物の愛護及び管理に関する法律（動愛法）と要点
-3　実験動物の飼養及び保管並びに苦痛の軽減に関する基準と要点
-4　動物の殺処分法に関する指針「環境省」
-5　動物実験基本指針「厚生労働省」（文部科学省）
-6　動物実験の適正な実施に向けたガイドライン「日本学術会議」
-7　遺伝子組換え生物等の使用等の規制による生物の多様性の確保に関する法律（カルタヘナ国内法）の第二種使用に関する注意点
以下紹介のみ
-8　実験動物の管理と使用に関する指針（ILAR ガイド）翻訳本・目次のみ
-9　実験動物の管理と使用に関する労働安全衛生指針（米国実験動物資源協会）翻訳本・目次のみ
-10 動物実験における人道的エンドポイント（翻訳本）・目次のみ

④機関内動物実験指針、規程など
-1　動物実験「指針・原則・規程など」
　　機関の動物実験に関する考え方を明文化したもので機関内規程の根幹となるもの。これを"親規程"として以下の"子規定"を構成するのがよい。
-2　動物実験委員会「規定・規則など」…委員会の役割、構成など
-3　動物実験承認「規定・規則・手順など」・動物実験計画書の審査、承認方法など
-4　外部施設調査「マニュアルなど」…他施設に外注、共同研究する動物実験の実施場所に対する調査など
-5　機関内の動物実験にかかわる事項の自己点検評価「マニュアルなど」

⑤テキスト、資料など

-1 テキスト

 小動物実験について

-a 科学的な動物実験・飼育管理、輸送、検疫馴化、実験手技、SOP 他

-b 倫理的な動物実験・3Rs、人道的エンドポイント、給餌／給水制限、苦痛軽減、安楽死法他

-c 実験操作について…投与量、採血量、麻酔法、手術法、鎮痛剤、安楽死法他

 機関内用動物実験テキストが準備されていない場合は、『アニマルマネジメント』なども参考になる。

-2 動物実験施設利用法「手引き、マニュアルなど」

 施設の利用法を実験実施者用にまとめたものを作成しておく

-3 資料

-a 倫理的な動物実験について

-b 研究者の責任について

-c 適正な動物数について

-d 動物実験処置と苦痛について…痛みの判定、苦痛度分類、苦痛の評価

-e 人道的エンドポイントについて

-f 動物実験反対運動について

-g AAALAC International について

 ・Program description

 ・翻訳 Program description

-h 実験動物による危害防止…Zoonotic disease（人獣共通感染症）、バイオハザード、ケミカルハザードなど

-i 非常災害時対策に関する緊急措置…実験動物の逃亡防止、緊急時の飼育管理など

-j 汚物の処理、悪臭、騒音の防止等、環境保全に関する事項

-k お役立ち Web サイトの紹介

2) 動物実験施設利用者の初期トレーニング（集合教育・講義）

①目的

動物実験施設は、施設内で実施される動物実験の質保証のため環境が正しく管理されている。また、共同利用施設であるので、他の実験成績に影響（迷惑）を及ぼさないようにしなければならない。これらのために施設利用のルールが定められている。さらに、動物実験に当たって実験動物のことを理解することも重要である。施設利用に当たって必要な事項を学習する。

②対象者

新規に動物実験施設を利用する実験実施者、飼育管理技術者とする。なお、施設・設備管理担当者には、本研修の一部を抜粋した内容で約１時間の講義と入室手順の実施訓練を行う。

③動物実験に関する事項の講義

テキスト、スライドなどを用いて次の内容を行う。参考図書『アニマルマネジメント』

-1 法規、動物実験ガイドラインの解説にかかわる事項
-2 科学的な動物実験の要件にかかわる事項
　・動物実験の基本：実験結果に影響を与える因子について
　・日常の健康状態の観察とポイント（第 3 部参照）
-3 人道的（倫理的）動物実験、3Rs の認識と実施にかかわる事項
　・改正動愛法に盛り込まれた 3Rs といえば、動物実験の関係者は即座に Reduction 、Replacement 、Refinement といえなければならずその意味も知っていなければならない。しかし、では 3Rs をどのようにして実施するかについては解説が少ない。
　そこで、講義では 3Rs の実際について項目を示し、その実施には教育訓練が不可欠であることを共有化する。

「Replacement：置き換え（代替）」

● *in vitro* の実験系および系統発生的に下位の動物種への置き換え
は可能か

● より侵襲の低い動物実験方法への置き換えは可能か

適正な動物実験に実施に関するガイドラインより内容引用

Replacement を実際に行うためには、文献調査が必要である。

そのためには文献の調べ方、インターネットでの検索の仕方について、情報管理部署や図書専門家に指導を依頼するのがよい。

「Reduction：削減」

● 使用する動物の数を減らせるか
数を減らすというのは単に数を減らすことではない。求める結果
を得るための適正な数は必要である

Reduction のためには、統計学的知識とやはり文献調査力が求められる。

統計処理については、PC アプリケーションが活用できるが、基礎的統計知識は必要である。

「Refinement：洗練（苦痛軽減）」

動物実験に当たっては、とくに苦痛の排除と軽減に努力すべきである。
● 動物実験の不要な繰り返しになっていないか十分な文献調査
● 実験開始前に動物を実験装置に慣らす
● ていねいに飼育／実験（保定、実験処置）を行う
● 生態、習性に適した飼育環境を整備する
● 保定や投与、試料採取などの実験手技修得
● 外科処置に関する手技の修得
● 苦痛の程度の予測と観察法修得
● 麻酔剤、鎮痛剤を支障のない範囲で用いる
● 実験の中断や終了の基準（人道的エンドポイント）の実施
● 社会的に容認された安楽死処置技術の修得

原図作成：鍵山直子氏

　Refinement の実施に当たっては、前頁に示したように調査する、慣らす、整備する、修得する、用いる、実施するというような言葉が示すように、トレーニングは必須である。トレーニングされて初めて苦痛の軽減ができるのである。

　　・人道的エンドポイント（Humane endpoint）の適用と苦痛の判断および安楽死の実施
　　・実験動物の適切な取扱いとやってはならないことの知識と実技修得

　　-4　動物を用いる実地訓練前に、ビデオなどの利用による代替訓練
　　-5　動物実験に伴う災害例と保護具の必要性について
　　-6　実験動物から人への感染症と防御
　　　-a　人獣共通感染症
　　　-b　動物施設での飲食、喫煙
　　-7　有害化学物質・病原微生物・遺伝子組換え動物の取扱いについて
　　-8　動物実験施設の利用法の説明と現場体験
　　-9　動物施設での非常時対応
　　-10　生きた動物モデルを使用しないことへの代替手段。あるいは、より苦痛度の低い実験方法への代替法を検討するための科学論文検索法の講習・演習を実施する。これは機関内の図書部門あるいは情報管理部門との協力で行うのがよい。

④小動物実験操作に関する講義
　動物実験などの方法・手技についての基本事項についての講義を実施する。なお、実験手技についての実習は、別に行う。
　　-1　鎮静・鎮痛・麻酔薬の適切な利用法（向精神薬、麻薬の取扱い含む）
　　-2　適切な安楽死法
　　-3　動物実験処置における、投与法、採血法、投与量、採血量、採血間隔など

⑤動物実験施設利用マニュアルを用いて動物施設と使用法の説明を行う
　　-1　実験動物の施設と利用に関する基本事項について講義する
　　-2　講義後、動物実験施設に入り、実際に入室手順に従い、施設内部を見学する。

-3　施設入室に先立ちセキュリティカードを発行し、カードの使用法・使用上の注意点についても説明する

⑥実施スケジュール

通常は、これらの研修を 3 ～ 4 時間で行う。なお、受講者の業務により研修内容、期間を調整する場合もある。

⑦研修実施後「適正な動物実験の実施の注意点」についてレポートを提出させ、講師が確認する。

⑧記録の保管

新規所員への教育訓練の記録は、動物管理部門で保管する。

3）動物実験実施者の基礎技術トレーニング（集合教育・実習）

①技術研修の目的

所員の実験技術の教育訓練は、実験にかかわる特殊な技術も多く、従来から各研究室の OJT で行われている。しかしながら動物実験手技導入部に当たる基礎的な部分については、"知識的バラツキ" "技術的バラツキ" があるにもかかわらず、すでに修得されたものとして即実験に携わっている傾向が見られる。

実験技術は、動物を安全に取扱うために不可欠であることはもとより、動物実験の科学性にかかわる実験手技ステップの均一性、および福祉面（倫理性）とくに苦痛軽減のための有用な手段となる。本研修は、初心者に対して適宜行う技術研修とそれに伴う知識の説明により、基礎技能のステップをそろえ、向上させることを目的として実施する。

今後、配属先での OJT により技能のレベル向上が必要である。

②動物実験手技研修内容

動物実験初心者への手技研修として以下の項目を実習する。なお、受講者の技術ステップによって実施内容と到達ステップを調整する。初心

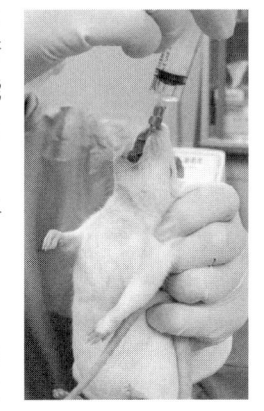

図 2-14　ラットの経口投与

者の場合、実習では熟練までの結果を求めないが、一人でできるステップを目標とする。

動物実験初心者への手技研修として以下の手技を適正に行えるかどうかを経験や熟練度に応じて実施する。

-1　ハンドリングおよび保定、個体識別、体重測定、講義と実習

-2　投与（経口、皮下、尾静脈、腹腔内）実習

-3　麻酔実習

-4　採血（尾静脈、後（下）大静脈、腹大動脈、心臓）実習

-5　安楽死（麻酔下放血、頚椎脱臼、炭酸ガス）講義・実習

-6　解剖（各臓器肉眼観察、摘出）実習

-7　必要に応じて血管カニュレーションなど手術を伴う手技

トレーニングは職場で主として使用されているマウス、ラットを用いる。実験手技はさしあたって必要な手技に十分時間をかける。トレーニングに先立ち、テキストやビデオを用いて基本的動物実験手技のポイントを説明した後、トレーナーがやって見せてから受講者に経験させる。（参考図書『アニマルマネジメント』）

その際トレーナーは受講者が安全衛生面、動物福祉の観点から不適切な取扱い・操作をしないよう十分に注意して指導する。

向上が見られらたその時点でどこがよくなったかを評価（ほめる）すると研修が効果的に進む。

これらの実習は、また、実習の補助をすることによって、技術指導員の育成にも活用する。

③研修手順の例

手技トレーニングなので、とくに群分けはしないが、動物の取扱い（ハンドリング）訓練と適正な量を投与するために、個体識別と体重測定を行う。受講者はすぐに投与をしたがる傾向にあるが、動物実験技術の基本は、ハンドリングと保定であることを体得させることが大切である。投与の効果的手技トレーニングを行うために以下の流れによってトレーニングを実施する。

マウス以外の動物種を用いるときはマウスに準じる。マウス、ラット、ハムスターを同時に行う場合は、マウスで一通りできるようになってからラット、ハムスターを行うが、選択動物種を主にして行うこともある。

＜１日目午前・午後＞

- -1　講義：動物取扱いの基本事項とやってはいけないことの説明。スライド、ビデオを使用して視覚的に行うと効果的である。
- -2　実習：ハンドリングと個体識別、体重測定を各自マウス（♂２匹、♀２匹、ラット♂２匹、♀２匹）を用いて行う（トレーナー用マウス♂１匹、♀１匹、ラット♂１匹、♀１匹）。匹数については、同一動物への処置回数（苦痛を与える回数）を少なくするために動物数を多くする考え方と、苦痛を与える動物数はできるだけ少なくする考え方があるが、本研修ではトレーナーの指導下で実施することから少数の動物で行う。なお、処置途中で、苦痛が著しいものや回復の見込みがない動物については指導者の判断で安楽死処置をとる。3Rs を考慮したとき、技術研修では考えなければならないことがある。それは Reduction と Refinement のどちらかを優先させるかということである。

　本研修プログラムでは、一般に行われている、使用する動物数を減らすような内容としているが、ヨーロッパでは Refinement が優先されているという。今後考慮すべき事項である（図 2-15）。

　また、現状では技術トレーニングの際、適切な代替法がないことが多い Replacement についても 研修計画段階での検討が望まれる。

- -3　投与実習：生理食塩液を投与する。経口投与（P.O.）、皮下投与（S.C.）、静脈内投与（I.V.）、腹腔内投与（I.P.）を行う。

　投与練習は、１日目午前と午後できるだけ回数を多く経験する。経口投与練習は、注射筒に投与液を吸引するが、ゾンデ挿入までとす

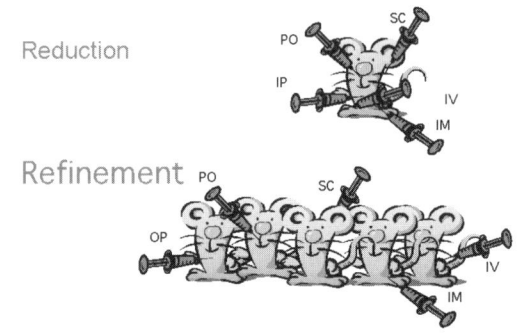

図 2-15　Reduction より Refinement の優先

る。投与に慣れたらトレーナーの確認を受けて、マウス 0.1ml ／回、ラット 0.5ml ／回投与する。1 日のうちに連続投与する場合は少し時間を置いてマウスで最大 5 回（計 0.5ml）、ラットで最大 8 回（計 4ml）までの投与量とする。

注射液の投与量は、I.V. でマウス、ラットとも 0.05ml ／回（最大 2 回／匹）、S.C.、 I.P. はマウスで 0.2ml（最大 4 回／匹）それぞれ 0.3ml（最大 5 回／匹）とする。

投与時の基本操作（保定、注射針の選択、投与部位、消毒など）をトレーナーの指導で修得する。以前の不十分な指導で、自己流の強引な投与が身についている人には、動物に与える苦痛が少ない正しい投与法を指導することが必要である。

なお、保定法はいくつかの方法を示し、受講生が容易にかつ安全に保定できるようにする。

＜2日目午前＞

　投与　生理食塩液　P.O., S.C., I.V., I.P.,　投与練習は、2日目午前中に時間をとり、できるだけ回数を多く経験する。

　2日目は各自が行うが必要に応じてトレーナーが参加する。

　11:00 頃、投与の実技をトレーナーが確認する。必要に応じて追加指導。

＜2日目午後＞

-1　投与：生理食塩液　P.O., S.C., I.V., I.P.,　必要に応じて行う。必要なければ次へ進む。

-2　麻酔（注射）、採血　マウス、ラット各2匹に麻酔薬を腹腔内投与し麻酔をかける。十分麻酔がかかったら正向反射、ピンチテストで確認して開腹し、後（下）大静脈から全採血し、放血致死させる。採血量は、マウスで 0.5ml 以上、ラット、ハムスターで 5ml 以上とする。

-3　麻酔（吸入）イソフルランを吸入させる。マウス、ラット各2匹麻酔は導入 3-4%、維持 1-2.5% とし、麻酔箱を用いた場合と麻酔ガスアダプターを用いた方法、ファルコンチューブなどを用いた追加麻酔方法を経験する。トレーナーは、余剰吸入麻酔ガス吸引による事故防止のために、麻酔ガスの性質と安全な取扱いについて使用する麻酔器を用いて説明する。

-4 安楽死：
　　イソフルラン麻酔下でマウスの頚椎脱臼による安楽致死を行う。マウスの場合、解剖に先立ち吸入麻酔下の動物を用いて頚椎脱臼の練習をする。また安楽死処置を施した後呼吸の停止、脈拍の消失（心臓停止）で死亡の確認を行う。死の確認は重要である。
　　さらに、イソフルラン麻酔から覚醒したラットを用いて CO_2 による安楽死処置を行う。
-5 解剖：
　　安楽死後、解剖し、臓器の位置・形を確認する。
-6 実験処置時の苦痛軽減：
　　投与練習中に誤投与などの投与手技不適により、動物が苦痛を現す症状を示したときにはトレーナーが判断して受講者はイソフルラン麻酔下頚椎脱臼による安楽死処置を実施する。
-7 後片付け：
　　使用した器具は水洗して乾燥させる。
　　血液のついた紙、綿などは医療廃棄箱へ入れる。または動物の死体と一緒に黒ビニール袋へ入れフリーザーへ。
　　床を清掃し、モップなどで拭く。

習慣付けることが大切である。

技術訓練には、基礎的なものとその後継続して行う技術向上のためのものがある。動物実験の実施に当たっては、実験処置が正しく、バラツキなしに行われることが必須である。実験実施者は、腕を磨くことすなわち技術の Refinement（洗練）を怠ってはならない。

4) 動物実験実施者へのトレーニング （個別教育プログラム）

①求められる技能育成のモデル

　動物実験分野における実験従事者の育成は、従来配属先で先輩たちから実施されてきた。しかしながら、スタッフの仕事分担は示されているものの、業務遂行上必要な能力要件が明文化されておらず、技能のチェックもされず、その結果、何が必要かが教える側、教わる側に把握されていない現状がある。この背景に加え先輩社員のリストラや退職が計画的な教育訓練を行いにくくしている。

　-1　動物実験を実施する能力ステップを1〜3の3段階に分け、各ステップでの業務に必要と考えられる技能例（表2-18〜20）を示した。これは職場ごとに必要度が異なると考えられるので、自分の職場に該当したものに書き換えることが必要である。

　　　技能は、「期待する能力」として示し、さらにそれを「専門（S）」と「一般（G）」に分けている。実験実施者には、実験技能が求められるのはもちろんであるが、技能の前に必要な知識を持っていることを前提としている。一方ビジネスマンとして一般事項もできることが必要である。

　　　各ステップに技能要件を記載しているので、この表を用いて自身の評価をしてみる。

　　　自分の現ステップおよび下位ステップの要件が自身の備えているべき要件となる。

　　　今より上位ステップの要件を備えていることは、いっこうに差し支えなく、むしろ望ましい。

　-2　要件の充足度評価としてA、B、Cを用いて表わす。

　A：よく知っている／自信を持って一人で業務が行えるレベルとしている。

　B：大体知っている／一人で大体できるが指示、指導があれば十分に業務ができるレベルとしている。通常支障なく業務を行う上では、このレベルが必要である。

　C：ほとんど知らない／一人でできないレベルである。自分のステップの要件にCがあれば業務を行う上で不十分であるので、内容を向上させる努力が必要である。

　　　自分のステップおよび下位のステップにBまたはCの項目があればそれは自身が会得しなければならない要件である。

　　　なお、下表のステップ分けは一例であるので、所属の職場での担当業務に合わせて適宜変更する。

また、p.149 2S-6-1 〜 2S-6-9 他の技能解説例のようにレベルをさらに 3 つに細分化して、指導なしに①〜③ができていれば A-3 レベル、2 個できていれば A-2 レベル、1 個であれば A-1、指導を伴った場合は B-3 〜 B-1 というレベル評価をすればレベルがさらに具体的になる。

-3　動物実験実施者に求められる技能
　　表 2-18 〜 20

-4　修得レベルの判定
　　動物実験責任者または教育担当者が技能レベル判定をする。判定結果は、教育訓練記録として保管する。

注）：上司は往々にして技能ステップ表の評価を業績評価に結び付ける傾向がある。技能レベル向上は個人の自己啓発であるので、業績評価は、取得された技能が業績にどう生かされたかで評価すべきである。

表 2-18　技能ステップ表・ステップ 1

飼育管理業務レベル			ステップ1 細部について指示され、日常の動物実験業務を実施することができる	自己評価
取扱い動物				
期待する能力	専門 (S)	1	飼育室での一般飼育作業ができる（入室に際しての注意事項、温度/湿度の点検、動物の観察、給餌/給水のポイント、ケージ交換の注意事項、飼育器材の取扱いができる）	
		2	飼育室、実験室の清掃/消毒ができる	
		3	一般飼料の取扱いができる	
		4	外見異常動物を発見できる	
		5	動物の保定ができる	
		6	動物の性別判定ができる	
		7	動物の体重測定が正確にできる	
		8	記録用紙への記録ができる	
		9	処置の誤りを発見、修正し、報告できる	
	一般 (G)	1	明るく挨拶ができる	
		2	同僚と円滑なコミュニケーションがとれる	
		3	基本ルールを守って仕事ができる	
		4	適切な電話対応ができる	
		5	適切な来客対応ができる	
		6	タイムリーに適正な報告ができる	
		7	安全に作業ができる	
		8	日常的な担当業務の事務処理ができる	

判定：「A」一人業務ができる、「B」指示・指導があれば一人業務ができる、
　　　「C」一人業務ができない

表2-19　技能ステップ表・ステップ2

飼育管理業務レベル			ステップ2 総括的指示にて、担当の日常の動物実験業務を実施することができる （実務経験2年以上）	自己評価
取扱い動物				
期待する能力	専門 (S)	1	処置動物を観察し、通常の動物と明らかに違う所見を発見できる	
		2	実験機器類の保守点検ができる	
		3	実験動物についての基礎知識を有し、活用できる	
		4	動物福祉の基本的な考え方に沿って実験ができる	
		5	実験動物技術者2級に合格している。または同等レベルの経験、 知識、技術を活用できる	
		6-1	固体識別ができる	
		-2	経口、皮下、静脈内投与ができる	
		-3	部分採血、全採血ができる	
		-4	動物の注射麻酔ができる	
		-5	動物の吸入麻酔ができる	
		-6	動物の解剖ができる	
		-7	動物の安楽死処置ができる	
		-8	摂餌・摂水量の測定が正確にできる	
		-9	採尿ができる	
		-10	正確に記録をとることができる	
	一般 (G)	1	技能を修得して自己向上できる	
		2	担当業務を後輩・同僚に指導できる	
		3	顧客の話や要望を正しく理解し、相手の立場に立って行動できる	

判定：　「A」一人業務ができる、「B」指示・指導があれば一人業務ができる、
　　　　「C」一人業務ができない

表 2-20 技能ステップ表・ステップ 3

飼育管理業務レベル			ステップ3 日常の実験動物業務の監督・指導ができる（ステップ2の実務経験4年以上）	自己評価
取扱い動物				
期待する能力	専門 (S)	1	実験計画を正確に実行できる	
		2	日常作業について適正な判断をもって指示・監督ができる	
		3	指示により非日常的実験業務ができる	
		4	症状により実験の人道的エンドポイントを判断できる	
		5	GLPの基本を理解して業務ができる	
		6	SOPの作成ができる	
		7	実験から発生する生データのチェックと保管ができる	
		8	実験動物技術者1級に合格している。または同等レベルの経験、知識、技術を有している	
		9-1	実験動物の群分けができる	
		-2	無菌的手術・実験操作ができる	
		-3	サンプルの測定ができる	
		-4	被験薬物の調整ができる	
		-5	実験結果を正しくまとめ、レポートが書ける	
	一般 (G)	1	担当業務について後輩・同僚を指導できる	
		2	同僚・部下・上司との良好なコミュニケーションがとれ、チームワークを高めることができる	
		3	業務に関するプレゼンテーションができる	
		4	問題意識を持ち、業務の改善を行い、創造的なアイデアを提案し、実行できる	

判定: 「A」一人業務ができる、「B」指示・指導があれば一人業務ができる、
「C」一人業務ができない

-5　各ステップの項目解説

ステップ1

> 細部について指示され、日常の動物実験業務を実施することができ
> るステップであり、動物実験業務の導入部分となるものおよびビジ
> ネスマナーが含まれる

ステップ1＜専門＞

> 1S-1.
> 飼育室での一般飼育作業ができる（入室に際しての注意事項、温度 /
> 湿度の点検、動物の観察、給餌 / 給水のポイント、ケージ交換の注
> 意事項、飼育器材の取扱いができる）

　動物実験において、実験実施者（実験処置者）と飼育管理者の役割分担が生じて約 30 年が経過した現在、実験実施者は、飼育管理をしなくなり動物実験は投与採血などの実験手技をすることと思っている人が増えている。加えて遺伝子組換え動物に関連して生物系でない分野の人も動物実験に関与するようになった。

　動物実験成績は、取扱う動物の習性、動物自身が持つ生物学的要因、環境要因、人的要因によって構成されることを知っていないと、データの読み取りを誤ることがあることをこのステップでは認識させる必要がある。そのため、飼育管理業務を実施することによって動物を知り、動物を丁寧に取扱い（ハンドリング）、動物を取り巻く環境を知ることは大切である。配属後実験処置しかしない人でも、実験の基礎レベルとして体験が必須な項目である。

> 1S-2.　飼育室、実験室の清掃 / 消毒ができる

　実験動物の健康は、動物自身、実験実施者および実験データに影響を及ぼす要因である。

　飼育室、実験室の消毒は間接的に動物の健康状態の維持に役立つ要因である。実験実施者はこのことを理解し、日頃から、飼育技術者の業務とは

別に、飼育室、実験室の整理整頓、清潔を保たなければならない。どうせ後で掃除するのだからということでなく、自分が汚したところは自分で清掃する。

1S-3. 一般飼料の取扱いができる

飼料は、栄養源として動物の生理状態と健康に影響を与える。飼料の選択は実験条件の一つである。取扱いの不備によっては、変質などを生じ実験成績に影響を与える。飼料摂取量は、動物の健康状態を知る指標となる。また、実験によっては飼料に薬物を混じて投与することもある。与える飼料の表示を間違ったため実験がだめになった例がある。

飼料名記載は入れ違いになる可能性のある蓋のみとせず容器にも書く。

1S-4. 外見異常動物を発見できる

動物の症状観察は、健康状態の判断のため重要な手段であるとともに実験処置による変化読み取りのために実験実施者の技能として必須である。異常動物の発見、実験処置による変化を読み取るためには正常動物の状態を目に焼き付けていることが求められる。

観察に当たっては行動、体位、体表など目で見るものが主体となる。動物の症状については第３部に例を述べている。

1S-5. 動物の保定ができる

正しい動物の保定は、動物からの咬傷、引っ掻き傷を防ぎ、実験実施者の安全のために必要な技術である。初心の実験実施者は保定を十分に修得しないうちに投与をしたがるが、保定がしっかりしていないと正確な投与はできないことに留意する。

1S-6. 動物の性別判定ができる

　動物の飼育においては繁殖目的でない限り同じケージに雄と雌は同居させない。このために雄雌の性別判定ができなければ、実験をだめにしてしまう場合がある。性別判定は出生直後、哺乳期、性成熟期それぞれでできなければならない。

　実験中の雌群ケージの中に雄が1匹混じっていたため、数匹の雌が妊娠してしまい実験がだめになった例がある。

1S-7. 動物の体重測定が正確にできる

　動物の体重は、健康状態の指標であるとともに、実験処置時の薬剤の投与量、麻酔薬の投与量の計算のためにも必要であり、動物種に合わせた天秤の選択（秤量：何gまで計れる、感量：読み取り制度、0.1g、1g）、正しい天秤の取扱い、読み取りができなければならない。

1S-8. 記録用紙への記録ができる

　飼育管理の状況（ケージ交換、給餌・給水、清掃他）、飼育環境の状況（温度・湿度他）、実験処置（投与、観察他）を定められた記録用紙に記録できなければならない。

　記録に当たっては消せない筆記具で誰がいつ記入したかがわかるようにする。個々の記録に当たっては、実施しなかった項目には"－"を記入するなどして、作業忘れと区別できるようにする。また、記録を訂正する場合は、誰が、いつ、どのように直したか（訂正前の記述もわかるように線で消す）および訂正の理由を書いておくと後日のデータ解析のときに有用である。記録は、飼育管理や実験処置が正しく行われた証拠となるので、他の人にも読めるように記載することが大切である。

1S-9. 処置の誤りを発見、修正し、報告できる

　作業ミスは業務につきものである。動物の飼育管理業務における、作業の偶発的間違い（給餌・給水忘れ、ケージ交換他）などを見つけた場合は、動物管理責任者に相談し指示により作業を正しい作業手順に戻し、作業記録により動物管理責任者に報告する。このステップでは自分の判断で作業を修正してはならない。それは、この作業の誤りが実験成績に影響するかも知れないからである。

　実験処置の偶発的誤りを見つけた場合（動物の取り違い、体重測定間違い、薬物の投与間違い他）ただちに実験責任者に報告することが必要である。動物実験では自分の判断で処置を修正してはならない。それは、この処置の誤りが実験成績に影響するからである。ミスを隠すために自分の判断で動物を取り替えたりしてはならない。処置の誤りは正しく記録しなければならない。

ステップ1＜一般＞

　ステップ1での一般項目は、いわゆる基本的しつけである。実験業務については組織の必要性から教育訓練が行われるが、ビジネスマナーについては先輩社員が十分に対応できていない例も多く、適正な教育が行われにくい分野である。仕事を円滑に進めるため、人間関係を良好に保つためのマナーを必要能力とする。

1G-1. 明るく挨拶ができる

　挨拶は、人間関係の基本である。挨拶によりお互いの認識が生まれる。挨拶の心構えは、「ことば」、「態度」、「誠意」である。挨拶はタイミングよく元気で笑顔で誰にでもすることが求められる。仕事の潤滑油ともいわれている。

1G-2. 同僚と円滑なコミュニケーションがとれる

　動物実験は、飼育室・実験室などで一人で行うことが多いが、動物実験全体としては共同作業なので、お互いのコミュニケーションが大切である。同僚との協調が求められる。

1G-3. 基本ルールを守って仕事ができる

　業務に関連する法規、社内規程などを守って仕事ができることが求められる。とくに業務に関する標準操作手順書（SOP）は、動物実験の質を保証するための手順であるので厳守できなければならない。指示されて行う担当業務ではあるが、個人作業となることが多いので、担当業務については自ら行動し適切な対応をとることも求められる。

1G-4. 適切な電話対応ができる

　見えない相手に対しては、言葉づかいが大切であり、個人また会社の信用にも関与してくる。なお、電話の際の態度は、相手には見えないが言葉に表れるので注意が必要である。敬語、謙譲語など正しい言葉づかいが求められる。

1G-5. 適切な来客対応ができる

　正しい挨拶と正しい言葉づかいが求められる。来客はどこでどうつながっているかわからないので、個人と会社のイメージをよくするために大切である。とくに業者対応では、横柄な態度をとらないように注意する。会社の看板を背負っての高圧的言動が個人の悪いイメージとして定着し、個人評価にマイナス作用を起こしている例が多々あるので気をつけよう。

1G-6. タイムリーに適正な報告ができる

指示、命令を受けた場合、また作業中に日常作業以外のことが起きたときは上司、責任者にタイムリーに報告することが求められる。とくに後者では、連絡や報告によって適正な対応がとれるのでそのタイミングが大切である。

"ホウレンソウ":「報（告）」「連（絡）」「相（談）」は仕事の上で本当に大切なものである。

連絡と報告の７つのオキテ
　① 緊急事態は直接伝える
　② 悪い知らせほど先に
　③ 失敗した理由は明確に
　④ 希望的観測で報告しない
　⑤ 前置きは判断を狂わせる
　⑥ 多忙のときはメモで報告
　⑦ あきらめ言葉は言わない

伝え方で失敗すると
大きなトラブルを招く

1G-7. 安全に作業ができる

　実験を安全に行うことは職場にとっても、自身にとっても必要なことである。日常の実験業務においての危険因子（滑る、転ぶ、ぶつかる、薬品類、取扱いに危険を伴う機器など）を認識して、安全と健康には自ら注意を払って作業を行うことが求められる。ぼんやりと仕事をすることは許されない。動物の保定不十分による咬傷などはもっとも多い事故である。

1G-8. 日常的な担当業務の事務処理ができる

　担当業務について、記録用紙への記入など日常実験業務関連の報告書の記入、動物関連データのコンピュータ入力と出力、生データのファイルとチェック、保管を SOP で定められた手順でできなければならない。

ステップ 2

　総括的指示にて、担当の日常の動物実験業務を実施することができるステップであり、業務の基本となる部分である。このステップでの実験処置 2S-6-1 から 2S-6-8 については評価レベル A 〜 C をさらに詳細に 3 段階に分けて評価する例を紹介している。

　評価項目は、自分の施設の実験目的に合わせて修正して用いるのがよいと考える。

ステップ 2 ＜専門＞

2S-1.
処置動物を観察し、通常の動物と明らかに違う所見を発見できる

　実験処置後の動物の状態の観察は、実験実施者にとって重要な技能である。とくに処置後 24 時間は頻繁な観察が必要である。記録に当たっては行動、体位、体表、摂餌・飲水状態他 SOP に従って入念に観察する。症

状観察の資料として「毒性試験用語集」(http://www.nihs.go.jp/center/yougo/) が参考になる。

2S-2.　実験機器類の保守点検ができる

　使用する実験機器の日常の保守点検ができることが求められる。GLP試験に使用する機器については、使用前の機器の性能についてのバリデーション、使用開始後の保守管理とその記録が求められる。一般機器では、日常のあるいは定期的な機器の検定を行うことがデータの信頼性に結びつく。

2S-3.　実験動物についての基礎的知識を有し、活用できる

　動物実験に当たっては、実験動物についての基礎知識（実験動物の遺伝学、生理学、解剖学、微生物学、栄養学、飼育管理と衛生、動物実験施設および動物種、系統ごとの特性他）を有していることが求められる。実験実施者は、修得したこれらの知識を活用して、考えながら仕事をすべきである。
　たとえば、C57BL マウスに脱毛が生じたので、即感染症の詳細な検査をするなどは、系統の特性、飼育管理の状況を知っていれば、個別飼いにするなど別の対応がとれるということになる。

2S-4.　実験福祉の基本的な考え方に沿って実験ができる

　動物福祉の国際原則である 3Rs を理解し、実践できなければならない。3Rs の実践については p.91 〜 99 を参照する。この他には物理的エンリッチメント、社会的エンリッチメントといった実験動物の習性、精神的な面を豊かにする試みも実験動物に求められている。これらは研究目的を妨げない範囲で採用することも考慮しなければならない。環境についてはケージのサイズ、壁や床の材質形状、単独飼育か複数飼育かも福祉の配慮項目である。

この他には、実験技術の洗練による処置時の苦痛の軽減、麻酔薬や、鎮静剤の知識も必要である。

> 2S-5.
> 実験動物技術者2級認定試験に合格している。または同等レベルの経験、知識、技術を活用できる

　実験動物技術者2級の資格は、動物実験業務に必須の資格ではないが、企業では、動物実験実施者の要件としている施設が多い。資格取得には一定の知識、技術が必要なので有資格者として仕事レベルを示すために有用である。しかし、取得後の技能向上のためには自己研鑽が必要である。何より大切なことは、せっかく取得した技能を活用することである。"ペーパー技術者"で終わらないでほしい。

> 2S-6-1.　個体識別ができる

　実験動物の個体識別は、動物を取り違えないために実験上重要な技術である。
　識別法は、暫定的なものから永久的なものまで種々あるので実験目的に応じて選択する。
　実施に当たっては安全で実験成績に影響を与えないもの、痛みを伴わないか少ないものとする。
　技能レベル判定としては、①動物種、系統（毛色）と実験内容を考慮し、適切な方法を選択できたか、②動物に苦痛を与えることなく識別できたか、③識別は明瞭であるかが評価項目となろう。
　指導なしに①～③ができていればA-3レベル、2個できていればA-2レベル、1個であればA-1、指導を伴った場合はB-3～B-1というレベル評価もできる。（以下同様）

2S-6-2. 経口、皮下、静脈内投与ができる

　動物実験に当たっては投与は基本的技術である。動物種ごとに投与の器具が異なることがあるが、基本的には同じである。技能レベル判定としては、保定が確実にできているかどうかが重要である。

　経口、皮下投与の技能レベル判定としては、①動物種と実験内容を考慮し、確実な保定ができたか、②動物に苦痛を与えることなく投与できたか、③投与量は確実であるか、がポイントとなろう。

　静脈内投与は、①動物種と実験内容を考慮し、確実な保定ができたか、②適切な血管を選択して投与できたか、③投与量は確実であるか、が評価項目となろう。

2S-6-3. 部分採血、全採血ができる

　部分採血の場合、採血部位と採血量および採血間隔が実験成績に影響を与える要因となる。採血に当たっては留意すべきポイントである。全採血の場合は採血部位がポイントであり、切開せずに採血する方法、切開して血管を露出して採血する方法がある。

　部分採血の技能レベルの判定としては、①動物種と実験内容を考慮し、確実な保定または固定ができたか、②必要量が採血できたか、③速やかに止血ができたか、がポイントとなろう。

　全採血の技能レベルの判定としては、①動物種と実験内容を考慮し、確実な保定または固定ができたか、②適切な採血部位を選択できたか、③採血に当たって切開するかしないかより十分量が採血できたか、が評価項目となろう。

2S-6-4. 動物の注射麻酔ができる

　麻酔薬は実験内容によって選択されなければならないが、最近、注射麻酔に多用されるのは、三種混合麻酔薬である。この他にケタミンとキシラジンの混合剤もよく使われる。ケタミンは麻薬指定であり、使用には麻薬

研究者の届出と麻薬としての管理が必要である。麻酔薬は外科手術などの処置に対する痛みをなくすことが目的であるので、効果には痛みの消失を指標にすべきであり、鎮静、意識消失のみの段階で手術をしてはならない。

　注射麻酔の技能レベル判定は、①動物種と実験内容を考慮し、確実な保定ができたか、②麻酔必要量が計算でき、正確な量が投与ができたか（マウスのような小さな動物では正確な量を投与するために希釈した麻酔薬を投与することが必要である）、③痛みの消失を確認しているか、が評価項目となろう。

2S-6-5.　動物の吸入麻酔ができる

　実験動物の吸入麻酔に多用されてきたエーテルは、気管粘膜に刺激がある他に引火性、爆発性といった労働安全面から使用禁止になっている国もあるが、わが国では手軽さと安価さからいまだに使用されている。使用に当たっては注意する。吸入麻酔は濃度調整が容易で安定した麻酔状態が維持でき、覚醒も早い利点があるが副作用や実験場所の換気についても考慮して用いなければならない。副作用が少ない点で、イソフルラン、セボフルランが近年多用されている。これらの麻酔薬の使用には原則的に気化器が必要であるが、簡易的にはエーテルと同様な使用法もできる。

　吸入麻酔の技能レベル判定は、①動物種と実験内容を考慮し、適切な麻酔薬を選び、導入麻酔、維持麻酔濃度が設定できたか、②気化した麻酔薬の周囲への漏出拡散防止など安全面に対処しているか、③痛みの消失確認をしているか、が評価項目となろう。

2S-6-6.　動物の解剖ができる

　実験動物の解剖は、実験の最終段階で行われるが、実験処置に対する苦痛軽減のための実験途中の安楽死処置後の動物から貴重な試料を得るためにも実施される。解剖は実験目的により特定の臓器のみの摘出から全臓器摘出まである。通常は解剖に先立ち放血や、固定液の還流処置などが行われる。安全性試験では、臓器への影響を見るために臓器重量の測定を行い、病理標本検査を行うので、臓器に傷つけることなく、余分な部分を取り除

き臓器摘出ができなければならない。

　解剖の技能レベル判定は、①解剖に先立ち麻酔がきちんと行われたか、②実験目的にあった臓器が手順通り摘出できたか、③摘出した臓器の取扱い（乾燥防止、トリミングなど）が決められたとおりできているか、が評価項目となろう。

2S-6-7.　動物の安楽死処置ができる

　動物の安楽死処置は、実施に当たり、安楽死時の考慮事項を理解し、処置に熟練していることが求められる。考慮事項、処置の選択については、参考図書などを参照する。

　安楽死の技術については、事前に麻酔下の動物で十分に訓練しておかねばならない。

　安楽死の技能レベル判定は、①処置前の動物への恐怖心を与えない配慮がされているか、②処置法が動物種に合わせ適切に選択され、手際よく短時間にできたか、③処置した動物の死亡を確認し定められた廃棄処理ができたか、が評価項目となろう。

　評価者は、安楽死処置実施者の精神的苦痛にも配慮すべきである。

2S-6-8.　摂餌・摂水量の測定が正確にできる

　摂餌・摂水量の測定は、動物実験においては、薬物の混餌投与、水溶薬物の給水ビン投与でしばしば行われる。この場合、摂取した餌や水の量から摂取した薬物量の計算を行う。

　また、コレステロール添加飼料、栄養素欠乏飼料などを与える場合、安全性試験などでも飼料の摂取量が測定される。

　摂餌・摂水量の測定の技能レベル判定は、①測定用天秤の使用前点検をしているか、②飼料の測定の場合、餌箱内の床敷、糞などを取り除いたか、水測定の場合、できるだけこぼさないように取扱っているか、③次回測定時のために必要なときは餌や水を定量になるよう補充したか、が評価項目となろう。

2S-6-9. 採尿ができる

　採尿法には直接採尿法と一定時間の尿量を測定できる代謝ケージを用いる方法がある。

　実験目的によって選択される。

　採尿の技能レベル判定は、①雌雄に合わせた直接採尿、カテーテル採尿ができる、②代謝ケージの原理を知っており正しい取扱いと動物のセットができるか、③採尿した尿の処理が実験目的に合わせて行われたか、が評価項目となろう。

2S-6-10. 正確に記録をとることができる

　最終的な動物実験結果報告書は単に文字と数字が書かれた紙である。その内容を保証するのは、飼育管理の記録と実験操作の記録、使用した機械の保守点検の記録などである。実験担当者はこの事実を認識して仕事に当たらなければならない。

　実験処置（投与、観察他）を定められた記録用紙に正確に記録する。記録に当たっては消せない筆記具で誰がいつ記入したかがわかるようにする。また、記録を訂正する場合は、誰が、いつ、どのように直したか（訂正前の記述もわかるように一本線で消す）と訂正の理由を書いておくと後日のデータ解析のときに有用である。

　記録は、実験処置が正しく行われた説明責任の証拠となるので、他の人にも読めるように記載することが大切である。

ステップ2＜一般＞

2G-1. 技能を修得して自己向上できる

　スキル（Skill）：技能（熟練という意味もある）は、実験実施に必須である。ひとつひとつの技能内容を充実させ、達成感を持って、次の要件にチャレンジすることは自己の能力向上に結びつくとともに、チームの能力向上となり、チームとして業務の拡大と質向上に役立つ。

　スキルの修得を積極的に行うことが求められている。高品質の動物実験技術の実施は、高品質な実験成績を生み出す基本的事項である。

　2G-2.　担当業務を後輩・同僚に指導できる

　業務においては、担当者が不在だから対応できないということでは困る。したがって自分の担当の業務を後輩・同僚に教えておかなければならない（ひとつの業務を1.5人で行うという考え）。また、自分の業務に関するSOPを作成し、不在時にも業務が滞らないようにしておくことが求められる。

　自分のSkillを後輩に伝えていくことは、優れた経験者・技術者の責任でもある。

　2G-3.
　顧客の話や要望を正しく理解し、相手の立場に立って行動できる

　顧客とは自分以外のすべての人を指すといわれているが、動物実験実施者の最終的顧客は患者さんであり、そのQOLの向上である。また大学では学生の資質向上である。実験実施者は目の前の実験操作に目を奪われることなく、高い視点を持って実験を行わなければならない。そのためには、井の中の蛙にならず、正確な情報収集と共有に努力しなければならない。

　なお、一般の事項、業務外活動・行事などについては、主業務に影響の少ない範囲で応じることも必要である。

ステップ3

> 日常の動物実験業務監督・指導ができるステップである。実務経験が重要である

ステップ3＜専門＞

　3S-1.　実験計画を正確に実行できる

実験計画書は、実験責任者により作成される。なお、第 1 部に述べたように実験計画書は主実験（試験）計画書の内容を動物福祉に特化して動物実験委員会の審査・機関長承認を得るために社内様式で作成されたものであるが、実験実施者は、主実験計画書に記載された実験内容を正確に実施できなければならない。"正確に実施する"とは、実験内容を SOP にしたがって実施し、実施したことをきちんと記録することである。そのため GLP 試験、非 GLP 試験にかかわらず SOP の準備はデータの信頼性保障のため重要であることを認識しなければならない。

3S-2. 日常作業について適正な判断をもって指示・監督ができる

実験計画書に従って行われる実験処置について、担当部分については、作業内容を把握し、日常作業について適正な判断をもって指示・監督ができなければならない。不明確な点は実験責任者に確認し、不十分な理解の下で実験を実施してはならない。また、担当でない部分を実施する場合は、実験実施責任者の指示により実施すべきである。

3S-3. 指示により非日常的実験業務ができる

動物実験の最終責任は、動物実験責任者にあるので、実験計画書からの逸脱、SOP 逸脱、感染症発生、空調異常のような非日常的なことが発生した場合、動物実験責任者に正確な報告を行い、指示を受け対応しなければならない。対応は実験データの信頼性に影響するので適切に実施し、その処置と結果は記録しなければならない。

3S-4. 症状により実験の人道的エンドポイントを判断できる

動物実験の実施に当たって、動物福祉の観点から人道的エンドポイントの判断、安楽死の実施ができなければならない。人道的エンドポイントについては p.95 〜 98 に概要を述べているが、p.210 の参考資料⑧も参照できる。

　実験実施者は、実験処置による動物の状態をあらかじめ文献などで調べておくことが必要である。初めての実験実施に当たっては、動物を急激に衰弱させたり、死に至らせたりすることが予想される場合は、予備実験により少数の動物で処置後どのような症状が動物に現れるかを死に至るまで観察し、どの時点で安楽死すべきであるかを探り、人道的エンドポイントを定めることが求められる。人道的エンドポイントの適用については苦痛度が高いと判断される実験の実験（試験）計画書には記載すべきである。

3S-5．GLP の基本を理解して業務ができる

　GLP の基本は信頼性のあるデータを得ることにある。したがって GLP、非 GLP 試験（実験）にかかわらず、基本的には同様のハードとソフトが必要である。非 GLP を強調するのは自分の施設のデータは信頼性に欠けるといっているようなものである。ハードには環境因子の制御と感染症侵入防止の機能が求められる。一方ソフト面では、動物施設、実験機器および実験動物を適正に維持管理するための手順を定め、成文化したもの（SOP、マニュアルなど）が必要である。信頼性の有る実験データは、適正な動物施設、動物、実験処置の運用・実施記録により内容が保証されるのである。しかしながら、ハードとソフトが完璧であっても、運用する実験実施者の"きちんと仕事をするという心構え"が不十分であればデータの信頼性のレベルは低下する。

3S-6．SOP の作成ができる

　担当業務を理解・把握し、適切な SOP が作成でき、業務が SOP から外れていないかチェックすることができる。SOP の内容は、固定的なものでなく、そのときの科学と実験技術水準を反映し正しく適応していることが求められる。SOP の範囲は、実験処置、薬物調整、サンプル採取、機器による測定、危機の精度管理など実験開始時から終了時までの処置を網羅していることが必要である。
　SOP というと GLP あるいは安全性試験と考え、自分の研究は GLP と関係ない、したがって SOP も必要ないと考えている研究者もいる。GLP

制度の成り立ちは、安全性試験と密接であるが、本来 GLP の根本は、ハード、ソフトの両面からの実験の信頼性の保証である。

実験成績に影響を及ぼす要因については、p.92、図 2-4 にも述べているが、この変動要因を適正に管理するために SOP（標準操作手順書）が必要となる。

実験がどの SOP（ver. も記入するとよい）によって行われたか記録されることが実験成績の信頼性保障のため必要である。

3S-7. 実験から発生する生データのチェックと保管ができる

実験から発生するデータを「生データ」といい、手書きのメモ、実験作業記録、測定結果などが相当する。コンピュータでの測定結果は、プリントアウトしたものに日付、サインを入れて生データとする。データが散逸しないように実験ノートに記録、貼付したりする。

個々の記録用紙の場合は順にファイルして保管する。磁気媒体データは、記録の改ざんが可能であるので、取扱保管方法をあらかじめ決めておかなければならない。

3S-8.
実験動物技術者 1 級に合格している。または同等レベルの経験、知識、技術を有している

実験動物技術者 1 級の資格は、動物実験業務に必須の資格ではないが、企業では、動物実験実施者の要件としている施設が見られる。1 級資格取得には 2 級取得後 4 年の実務経験と高度の知識、技術が必要であるから、有資格者として仕事レベルを示すために有用である。しかし、取得後のさらなる技能向上のためには自己研讃のための努力が必要である。何より大切なことは、取得した技能を役立てることである。

3S-9-1. 実験動物の群分けができる

　実験動物の群分けは、実験動物のバラツキを少なくするために実験処置に先立って行われる。通常は体重分布をみて各群の動物の体重をそろえることによって行われる。

　実験群間のバラツキを少なくするためには、実験に使用する予定数より多めの動物が必要である。

　技能レベル判定としては、①適切な数を用意し体重測定により体重分布を把握できたか、②無作為に動物の群分けができたか、③余剰動物を途中で実験に使用できないように、分離・処置ができたかが、評価項目となろう。

　指導なしに①～③ができていれば A-3 レベル、２個できていれば A-2 レベル、１個であれば A-1、指導を伴った場合は B-3 ～ B-1 というレベル評価もできる。（以下同様）

3S-9-2. 無菌的手術、実験操作ができる

　動物実験における外科的処置（手術）は動物福祉上最重要な配慮項目である。なぜなら手術は実験動物に物理的、生理学的に苦痛を与える処置であり、術後にも影響が続くからである。実験実施者は手術により動物に苦痛を与えていることを十分認識していなければならない。

　技能レベル判定としては、①術後の回復に影響がある感染症を防ぐために無菌的な器具を用いて無菌的操作で手術ができたか、②麻酔薬は適正に使用されたか。また術中麻酔薬の影響による体温低下を防ぐ処置をとったか、③術後の観察が細かく行われ、必要により鎮痛剤の投与がされたか、が評価項目となろう。

3S-9-3. サンプルの測定ができる

　サンプル測定も分業化により専任者が行うことが多くなってきているが、実験動物からサンプルを採取すること、そして担当のサンプル測定ができることは実験上重要な技術である。

　技能レベル判定としては、①動物から SOP に定められた方法で必要な
サンプルが採取できたか、②サンプルを SOP で定められた方法で処理で
きたか、③サンプルを正確に測定できたか、が評価項目となろう。

3S-9-4. 被験薬物の調整ができる

　被験薬物の調整は実験上重要な技術である。
　調整に当たっては、被験薬物を正確に秤量できること。化学物質として
の安全な取扱い、被験薬物が飛散等によって他の薬剤と混合汚染が起きな
いようにすることが求められる。
　被験薬物の調整の記録もできなければならない。
　技能レベル判定としては、①天秤を正確に操作し被験薬物名を確認して
必要量秤量できたか、②被験薬物を安全に、また、他と混合させることな
く取扱いできたか、③指定された溶解液で正確に溶解、懸濁できたか、が
評価項目となろう。

3S-9-5. 試験結果を正しくまとめ、レポートが書ける

　使用動物、実験の条件、使用機器そして試験結果を正確に記録すること
は実験上必須である。これらの記録が実験レポートの信頼性を保証するか
らである。
　試験結果の総まとめは最終的に実験責任者が行うことであるが、自分の
担当分野の試験結果をまとめることは実験実施者ができるようにならなけ
ればならないと考える。試験結果をまとめるときには、都合のよい試験デ
ータを選択してまとめてはならない。データのまとめ方も実験計画書の段
階で決めておくべきである。
　試験レポートを書くに当たっては、今までの試験レポート、文献などを
参考にまとめることを練習しておく。実験開始からレポートにまとめるこ
とまでが一連の動物実験である。

ステップ 3 ＜一般＞

> 3G-1. 担当業務について後輩・同僚を指導できる

　先輩社員として、後輩・同僚に対して自信を持って担当業務を指導できることが求められる。この項目は、上級者の業務の補助ともなる重要項目である。そのためには、担当業務を熟知していなければならない。また、自主的・積極的という姿勢を示すことは後輩・同僚に対しよい影響を与えることとなる。何を教えるかは「資料：技能解説」を参考に、自身の経験を加味して項目と期間という時間的配分も決めて教えると効果的である。

> 3G-2.
> 同僚・部下・上司との良好なコミュニケーションがとれ、チームワークを高めることができる

　業務は、正確に行われることが求められるため、SOP やマニュアルに拠るところが大きく、マニュアル第一主義になりがちであるが、同僚・部下・上司およびユーザーである研究者との "心のある" 良好なコミュニケーションが求められる。このような良好な職場環境がチームワークを高め、質の高い業務の実施に結びつくと考えられる。

　職場環境の円滑化は、大きな命題であるので、各自のできる範囲での努力が求められる。

> 3G-3. 業務に関連しプレゼンテーションができる

　業務に関連した事柄の要点をまとめ簡潔に、社内会議などで発表できる。発表の方法は、PC でパワーポイントを用いる方法が主流である。プレゼンテーションの技法修得は自分の意見、アイデアを他人に認識してもらうため有効である。周囲の人たちの協力なしに高い成果は挙げられない。

> 3G-4.
> 問題意識を持ち、業務の改善を行い、創造的なアイデアを提案し、実行できる

　問題とは、ある基準に照らして、現状が劣っている状態のことをいう。基準を設定することにより、「いつから起きたのか」「何が、どこに、どれだけ」というように問題が具体的になることを知識としてもち、障害や基準とのずれを理屈で解いたり（これが問題とはっきりしている場合）、考え・創り出したり（困ったどうしよう、何が問題？の場合）できることが求められる。

　仕事とは問題解決の連続をいう。

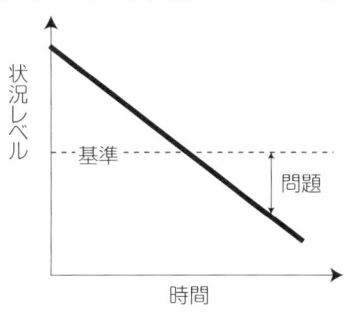

図2-16　問題は基準に達しない状況

5）動物管理部門担当者のトレーニング（個別教育プログラム）

①目的

　実験動物の飼育管理業務は、動物実験成績の大きな変動要因となる。変動要因によるバラツキ幅を小さくするために、動物実験施設の適正な運営および実験動物の適正な管理は必須である。動物管理部門スタッフの技能は実験成績を左右するといっても過言ではない。そこで、施設運営と動物の管理を実施するために必要な知識と技術の修得と向上を図ることを目的としてトレーニングを実施する。

②実施

　動物管理責任者は、スタッフの知識および能力に応じた教育・訓練を実施または受講させる。スタッフのトレーニングは、従来職場で先輩たちから実施されてきた。しかしながら、スタッフの仕事分担は示されているものの、業務遂行上必要な能力項目が明文化されておらず、何が必要かが教える側、教わる側に把握されていない現状がある。この背景とスタッフの入れ替えの多いことが計画的な教育訓練を行いにくくしている。そこで動物管理スタッフに求められる技能を例示して、技能のステップアップを図るようにトレーニングを実施する。技能については別に述べる。

> トレーニングの留意点は、判断力を養うための教育である。知識・技術だけでは実際の場面では役に立たないことが多々ある。

　内部で実施するトレーニングについては、動物管理責任者の責任の下に行う。外部で実施される教育・訓練（セミナー、研修、学会など）の場合は、動物管理責任者が必要と認めたものについて受講を命じる。

　業務を適正に実施できる判断基準として、実験動物2級技術者認定が適用できるので、未取得者には2級取得のためのトレーニングも実施する。2級取得者には早い時期に1級受験をサポートする。

③トレーニング内容

　トレーニングは、対象者の技能ステップに応じて動物管理責任者が以下の項目より選択して定めるが、動物管理業務を適正に実施するためには、より多くの時間を現場の経験にあてることが必要である。動物管理業務では応用力のあることが重要であるので現場でのOJTを重視する。

- -1　実験動物および動物実験に関する法規
- -2　実験動物に関する基礎知識
- -3　動物実験に関する知識および手技
- -4　動物施設に関する事項
- -5　実験動物の異常に関する知識と対処法
- -6　実験動物に関する動物福祉
- -7　滅菌、消毒、殺菌に関する事項
- -8　微生物モニタリングに関する事項
- -9　安全衛生および環境保護
- -10　その他

④記録

- -1　教育・訓練実施または参加後、トレーニング概要、報告書などを記録し保管する
- -2　教育・訓練で使用した（または使用された）テキストまたは資料は、トレーニング内容の証明として上記記録とともにファイルする。

⑤求められる技能の概要

　実験動物飼育管理業務における人材育成は、配属先の先輩たちにより実施されてきた。しかしながら、スタッフの仕事分担は示されているものの、業務遂行上必要な能力要件が明文化されておらず、何が必要かが教える側、教わる側に把握されていない現状がある。この背景とスタッフの入れ替えの多いことが計画的な教育訓練を行いにくくしている。

-1　飼育管理業務を実施する能力ステップを1〜4の4段階に分け（表3-20〜23）、各ステップでの業務の技能を示している。

　　技能は、「期待する能力」として示し、さらにそれを「専門（S）」と「一般（G）」に分けている。仕事はできることが大切であるので、知識は能力の一部とみなして、項目としてはかかげていない。

　　各ステップに要件を記載しているので、この表を用いて自身の評価として"できる"、"できない"を空欄に記入してみる。

　　自分の現ステップおよび下位ステップの要件が自身の備えているべき要件となる。

　　今より上位ステップの要件を備えていることは、いっこうに差し支えなく、むしろ望ましい。

-2　要件の充足度評価としてA、B、Cを用いて表わす。

　　A：よく知っている／自信を持って一人で業務が行えるレベルとしている。

　　B：大体知っている／一人で大体できるが指示、指導があれば十分に業務ができるレベルとしている。通常支障なく業務を行う上では、このレベルが必要である。

　　C：ほとんど知らない／一人でできないレベルである。自分のステップの要件に×があれば業務を行う上で不十分であるので、内容を向上させる努力が必要である。

　　　自分のステップおよび下位のステップにBまたはCの項目があればそれは自身が会得しなければならない要件である。

　　　なお、表のステップ分けは一例であるので、所属の職場での担当業務に合わせて適宜変更する。

-3　飼育管理者に求められる技能レベル

　　多種の動物を扱うときは、専門技能については動物種ごとの評価も必要である。

表 2-21　飼育管理者に求められる技能レベル・ステップ1

飼育管理業務レベル			ステップ1 細部の指示により、日常の飼育管理業務を実施することができる	自己評価
取扱い動物				
期待する能力	専門(S)	1-1	飼育室の清掃と消毒および飼育器材の洗浄ができる	
		-2	ケージ交換時、動物 (マウス・ラット・モルモット・ウサギ) の保定ができる	
		-3	飼育室での一般飼育作業ができる (温度/湿度の点検・動物の観察・給餌/給水のチェック・ケージ交換・飼育器材の取扱いができる)	
		-4	動物の性別判定ができる	
		-5	一般飼料の取扱いができる	
		-6	動物の体重測定が正確にできる	
		-7	入荷時の伝票確認ができる	
		-8	輸送箱の検収、消毒ができる	
		-9	入荷動物の観察ができる	
		-10	入荷動物をケージへ収容し給水・給餌できる	
		-11	記録用紙への記録ができる	
		-12	外見の異常動物に気づくことができる	
		2	処置内容の誤りを発見、修正し、報告できる	
		3	動物を観察し、通常の動物と明らかに違う異常動物を発見できる	
	一般(G)	1	明るく挨拶ができる	
		2	同僚と円滑なコミュニケーションがとれる	
		3	適切な電話対応ができる	
		4	適切な来客対応ができる	
		5	タイムリーに適正な報告ができる	
		6	安全に作業ができる	
		7	担当業務について主体性を持って行動できる	
		8	基本ルールを守って仕事ができる	
		9	日常的な担当業務の事務処理ができる	

判定:　「A」一人業務ができる、「B」指示・指導があれば一人業務ができる、
　　　　「C」一人業務ができない

表 2-22　飼育管理者に求められる技能レベル・ステップ2

飼育管理業務レベル			ステップ2 総括的指示にて、担当の日常の飼育管理業務を実施することができる （実務経験2年以上）	自己評価
取扱い動物				
期待する能力	専門 (S)	1-1	動物を観察し、通常の動物と明らかに違う異常動物を発見できる	
		-2	人・動物・飼料・飼育器具および実験器材の動線と空気の流れを把握した管理ができる	
		-3	飼育機器類(ケージ・給餌器・給水器・ラック・体重計・オートクレーブ・ケージ洗浄機など)の安全な管理ができる	
		-4	SPF動物の飼育管理ができる	
		-5	実験動物についての基礎的知識を有し、活用できる	
		-6	動物福祉の基本的な考え方に沿って仕事ができる	
		-7	担当部分の仕事について後輩を指導できる	
		2	担当業務の状況に合わせて適切な対応ができる	
		3	状況に応じてスピーディーに行動できる	
		4	実験動物技術者2級の資格を持ち、その知識・技術を活用できる	
		5	動物施設のセキュリティ関連に対応できる	
	一般 (G)	1	正確に報告書などが作成できる	
		2	顧客の話や要望を正しく理解し、相手の立場に立って行動できる	
		3	担当業務について後輩・同僚を指導できる	
		4	スキルを修得して自己向上できる	
		5	日常的なチーム内業務の事務処理ができ、書類作成ができる	

判定:　「A」一人業務ができる、「B」指示・指導があれば一人業務ができる、
　　　　「C」一人業務ができない

表 2-23　飼育管理者に求められる技能レベル・ステップ 3

飼育管理業務レベル			ステップ3 日常の飼育管理業務の監督・指導ができる（ステップ2の実務経験4年以上）	自己評価
取扱い動物				
期待する能力	専門 (S)	1-1	日常業務の実施計画が立てられる	
		-2	日常作業について適正な判断をもって指示・監督ができる	
		-3	機器の消毒および滅菌ができる	
		-4	飼育機器類(ケージ・給餌器・給水器・ラック・アイソレーター・体重計・オートクレーブ・ケージ洗浄機など)の保守・点検・軽修理ができる	
		-5	建物・施設の全面消毒ができる	
		-6	機器の保守点検計画を立て実施できる	
		-7	GLPの基本を理解して業務が実施できる	
		-8	作業から発生する生データのチェックができる	
		2	飼育用品の発注および在庫管理ができる	
		3	施設状況を考慮した動物発注ができる	
		4	担当業務について関係先と調整がとれる	
		5	上位者の指示により、また、自ら非日常事態への的確な対処ができる	
		6	受託業務の監督ができる	
		7	委託先から示された動物施設予算の管理ができる	
		8	実験動物技術者1級に合格している。または同等レベルの経験、知識を有している	
	一般 (G)	1	業務に関するプレゼンテーションができる	
		2	問題意識を持ち、業務の改善を行い、創造的なアイデアを提案し、実行できる	
		3	担当業務について後輩・同僚を指導できる	
		4	タイムリーにレポート・議事録が書ける	
		5	SOPが作成できる	
		6	同僚・部下・上司との良好なコミュニケーションがとれ、チームワークを高めることができる	

判定：　「A」一人業務ができる、「B」指示・指導があれば一人業務ができる、
　　　　「C」一人業務ができない

表 2-24　飼育管理者に求められる技能レベル・ステップ 4

飼育管理業務レベル			ステップ4 部署長を補佐して飼育管理業務の監督ができ、実験動物ユーザーに助言ができる	自己評価
取扱い動物				
期待する能力	専門 (S)	1	実験施設管理者を補佐または施設管理者として動物管理および関連業務全般の実務経験を持ち、業務の監督・指導ができる	
		2	動物施設と資源の管理ができ、部署をまとめることができる	
		3	感染症の特徴を理解し、異常動物判定のための検査と対応の指示・監督ができる	
		4	GLPならびに動物実験に関する法規制・動物福祉に則り十分な対応の指示・指導ができる	
		5	あらかじめ予測できる非日常事態に対しどうすべきかを的確に判断し、自ら行動指針を作成できる	
		6	業務について自らが持つ知識・ノウハウなどを指導・アドバイスできる	
	一般 (G)	1	迅速な決断ができ業務のスピードを速めることができる	
		2	所内外の人とコミュニケーションがとれる	
		3	所内会議でプレゼンテーションができる。また学会発表ができる	
		4	対象者に合わせたOJTを実施できる	
		5	業務実施に当たり適切なアドバイスができる	
		6	組織の向かう方向性・将来展望を描くことができ、部下を方向付けできる	
		7	発想を転換し、新しいアイデアを加えながら業務プロセスの革新を行える	
		8	部署の雰囲気を改善し、スタッフの活力を高められる	
		9	実績を公正な判断基準に基づいて評価できる	

判定:　「A」一人業務ができる、「B」指示・指導があれば一人業務ができる、
　　　　「C」一人業務ができない

-4　修得レベルの判定

　動物管理責任者または教育担当者が判定する。判定結果は教育訓練の記録として保管する。(判定の注意点は p.138 注) 参照)

-5　飼育管理業務技能要件各項目の解説

ステップ 1

> "指示された仕事を支障なく進められるステップ" であり、飼育管理業務の導入部分となるものおよびビジネスマナーの基礎が含まれる。

ステップ 1 ＜専門＞

　細部にわたる指示・指導の下に日常の作業を基本的考え方によって行うことができる。

　飼育技術ステップ 1 の仕事とは、以下の作業を指し、これを責任者の指示の下に行えることが求められる。一人で業務を行うためには、最低 3 か月以上の計画的 OJT が必要である。

1S-1.
- -1. 飼育室の清掃と消毒および飼育器材の洗浄ができる
- -2. ケージ交換時、動物(マウス・ラット・モルモット・ウサギ)の保定ができる
- -3. 飼育室での一般飼育作業ができる(温度 / 湿度の点検・動物の観察・給餌 / 給水のチェック・ケージ交換・飼育器材の取扱いができる)
- -4. 動物の性別判定ができる
- -5. 一般飼料の取扱いができる
- -6. 動物の体重測定が正確にできる
- -7. 入荷時の伝票確認ができる
- -8. 輸送箱の検収、消毒ができる
- -9. 入荷動物の観察ができる
- -10. 入荷動物をケージへ収容し、給餌・給水ができる
- -11. 記録用紙への記録ができる
- -12. 外見の異常動物に気づくことができる

これらの仕事を行うには、行う業務に必要な範囲で次の知識が必要である。

1. マウス、ラット、ハムスター、モルモット、ウサギの種類・特性・用途の概略
2. 実験動物の遺伝的統御による区分と微生物学的統御による区分
3. 動物の各器官の位置・形態と機能
4. 使用する飼育器材の特性と使用法
5. 滅菌と消毒の違いと使用する消毒液の使用法
6. 使用する実験動物の飼料と取扱いについて
7. 動物施設の配置、使用のルール
8. 動物室での作業チェックポイント
9. 動物福祉の概念

1S-2. 処置内容の誤りを発見・修正し、報告できる

飼育管理作業は、一通りの作業の訓練を受けてからは、基本的には一人作業となるので、作業の手順、内容を作業前に確認して実施するが、飼育室などでのケージ数の増減、給餌・給水不良、水漏れ、日常点検項目の異常などに気づき、作業の修正が必要となる。この場合、処置の報告を行わなければならない。

1S-3.
動物を観察し、通常の動物と明らかに違う異常動物を発見できる

外傷、鼻周囲・肛門周囲など体の汚れ、不活発・活発などの行動異常、痩せのような動物の変化をケージ越しの観察によって発見する。必要に応じて手にとって観察することも必要である。

異常動物を発見したら、責任者に連絡して指示を受け、適切な処理を行うことも含む。

ステップ 1 ＜一般＞

　ステップ 1 での一般項目は、いわゆる基本的しつけである。業務については組織の必要性から教育訓練が行われるが、ビジネスマナーについては先輩社員が十分に対応できていない現状で、適正な教育が行われにくい分野である。仕事を円滑に進めるため、人間関係を良好に保つためのマナーを必要能力とする。

1G-1. 明るく挨拶ができる

　挨拶は、人間関係の基本である。挨拶によりお互いの認識が生まれる。挨拶の心構えは、「ことば」、「態度」、「誠意」である。挨拶はタイミングよく元気で笑顔で誰にでもすることが求められる。

1G-2. 同僚と円滑なコミュニケーションがとれる

　飼育管理の仕事は、飼育室などで一人作業を行うことが多いが、動物施設全体としては共同作業なので、お互いのコミュニケーションが大切である。同僚と協調が求められる。

1G-3. 適切な電話対応ができる

　見えない相手に対しては、言葉づかいが大切であり、個人また会社の信用にも関与してくる。
　なお、電話の際の態度は、相手に見えないが言葉に表れるので注意が必要である。敬語、謙譲語など正しい言葉づかいが求められる。

1G-4. 適切な来客対応ができる

　正しい挨拶と正しい言葉づかいが求められる。来客はどこでどうつながっているかわからないので、個人と会社のイメージをよくするため大切である。とくに業者対応では、横柄な態度をとらないように注意する。

1G-5. タイムリーに適正な報告ができる

　指示、命令を受けた場合、また作業中に日常作業以外のことが起きたときは上司、責任者にタイムリーに報告することが求められる。とくに後者では、連絡や報告によって適正な対応がとれるので報告のタイミングが大切である。
　"ホウレンソウ"：「報（告）」「連（絡）」「相（談）」は飼育管理業務実施上大切な事柄である。

連絡と報告の７つのオキテ
① 緊急事態は直接伝える
② 悪い知らせほど先に
③ 失敗した理由は明確に
④ 希望的観測で報告しない
⑤ 前置きは判断を狂わせる
⑥ 多忙のときはメモで報告
⑦ あきらめ言葉は言わない

伝え方で失敗すると
大きなトラブルを招く

1G-6. 安全に作業ができる

　作業を安全に行うことは職場にとっても、自身にとっても必要なことである。日常業務においての危険因子（滑る、転ぶ、ぶつかる、薬品類、取扱いに危険を伴う機器などや条件を認識して、安全と健康には自ら注意を払って作業を行うことが求められる。ぼんやりと仕事をすることは許されない。

1G-7. 担当業務について主体性を持って行動できる

　指示されて行う担当業務ではあるが、飼育室での個人作業となることが多いので、担当業務については自ら行動し適切な対応をとることが求められる。

1G-8. 基本ルールを守って仕事ができる

　業務に関連する法規、社内規定などを守って仕事ができることが求められる。とくに業務に関する標準操作手順書（SOP）は、動物管理業務の質を保証するための手順であるので厳守されなければならない。

1G-9. 日常的な担当業務の事務処理ができる

　担当業務について、日報、その他の記録用紙の記入など日常業務関連の報告書の記入、物品の発注、動物関連データのコンピュータ入力と出力、生データのファイルとチェック・保管をSOPで定められた手順でできなければならない。

ステップ2

"仕事の周辺知識も修得して自ら担当業務を行えるステップ"であり、業務の基本となるもの

ステップ2＜専門＞

飼育管理担当者として、担当業務関連の知識を持ち、規定（社内基準／SOP）や手続きを十分に理解して、責任者の総括的指示の下に自らの判断により業務ができる。

2S-1.
1. 動物を観察し、通常の動物と明らかに違う異常動物を発見できる
2. 人・動物・飼料・飼育器具および実験器材の動線と空気の流れを把握した管理ができる
3. 飼育機器類（ケージ・給餌器・給水器・ラック・体重計・オートクレーブ・ケージ洗浄機など）の安全な管理ができる
4. SPF動物の飼育管理ができる
5. 実験動物についての基礎的知識を有し、活用できる
6. 動物福祉の基本的な考え方に沿って仕事ができる
7. 担当部分の仕事について後輩を指導できる

これらの仕事を行うには、次の知識が必要である。
1. 施設環境条件の基準値と根拠を理解している
2. GLPの基本概念とSOPの必要性を理解している
3. 法規・動物福祉の基本概念を理解している
4. 安全・衛生についての知識
5. 動物施設セキュリティ関連知識

2S-2. 担当業務の状況に合わせて適切な対応ができる

　日常の動物管理業務においては、状況に応じて自ら適切な対応をとることができ、非日常的状況においては、タイムリーで適切な報告を行い、指示により対応を実施できることが求められる。

2S-3. 状況に応じてスピーディーに行動できる

　日常の仕事においては、作業を正確（確実）に行うことが求められるが、これに速さが加わるとさらに仕事の質が向上し、顧客の満足を得ることができ、その結果顧客の信頼性が増すことにつながる。非日常的な事柄においては緊急性が伴うことが多いので、すばやい行動が求められる。そのためには、どう行動するか、どこに連絡するかを日頃から把握しておく。

2S-4. 実験動物技術者2級の資格を持ち、その知識・技術を活用できる

　実験動物技術者の資格は、動物管理業務実施上必ずしもなくてはならないものではないが、2級の資格を持つということは、実験動物に関する基礎知識、技術の勉強をして、一定レベル以上の能力を備えているという証明であるので、飼育管理業務ステップ2では2級は必須の資格とする。そして2級レベルの知識・技術が業務に生かされることが求められる。

2S-5. 動物施設のセキュリティ関連に対応できる

　ハード面（キー解除、ドア操作）だけではなく、異常時の連絡、電話対応、訪問者対応が含まれ、適正な対応と関係者への連絡が求められる。

ステップ2＜一般＞

2G-1. 正確に報告書を書くことができる

　日報などの定型報告書を書くことができるのはもちろんのこと、日常、非日常的状況において報告する場合は、タイムリーに簡潔に報告書を書くことが求められる。とくに悪いことほど早めに報告し、問題を一人で抱え込まずに次にどうしたらよいかの指示をあおぐことが大切である。

　報告の仕方・要点は以下のとおりである。

1. 仕事が終わったら"ただちに"指示された人に報告する
2. 他の人が読みやすい字で書く
3. 結論を先に述べ、その後で経過を報告する
4. 事実のみを報告する
5. 要領よく（5W2H）で説明する
6. 自分の考えがあるときは最後に付け加える
7. 重要と判断されるものは繰り返す
8. 過失などがあった場合もありのままを報告する
9. 必要に応じて裏づけ資料などを事前に用意する
10. 数字はできるだけ具体的に示す

2G-2.
顧客の話や要望を正しく理解し、相手の立場に立って行動できる

　顧客とは自分以外のすべての人を指すとされているが、われわれ（飼育担当者）の主な顧客は動物実験実施者である。そこでわれわれの主業務は、実験実施者に適正な動物施設と動物を提供し維持管理することとなる。したがって、実験実施者の多様な要望に対応することになるが、動物施設は共同利用施設であるので、その使用には一定のルールが必要となってくる。動物実験においてはこのルールの中で、顧客の要望を理解し対応する努力が求められる。なお、一般の事項、業務外活動・行事などについては、主業務に影響の少ない範囲で応じることが必要である。

2G-3. 担当業務について後輩・同僚を指導できる

先輩社員として、後輩・同僚に対して自信を持って担当業務を指導できることが求められる。この項目は、上級者の業務の補助ともなる重要項目である。そのためには、担当業務を熟知していなければならないであろう。また、自主的・積極的という姿勢を示すことは後輩・同僚に対しよい影響を与えることとなる。何を教えるかは技能要件を参考に、自身の経験を加味して項目と期間という時間的配分も決めて教えると効果的である。

2G-4. スキルを修得して自己向上できる

スキル（Skill）：技能（熟練という意味もある）は、業務に関連しないものもたくさんあるが、業務でいえば技能要件がそのひとつの例であるといえる。したがって、ひとつひとつの技能要件の内容を充実させ、達成感を持って、次の要件にチャレンジすることは自己の能力向上に結びつくとともに、チームの能力向上となり、チームとして業務の拡大と質向上に役立つ。

Skill の修得を積極的に行うことが求められている。高品質の飼育管理業務の実施は、高品質な実験成績を生み出す基本的事項である。

2G-5. 日常的なチーム内業務の事務処理ができ、書類作成ができる

担当業務はもちろんのこと、チーム内に目を配り、日報、その他の記録用紙の記入など日常業務関連の報告書の記入、物品の発注、動物関連データのコンピュータ入力と出力、生データのファイルとチェック・保管をSOP で定められた手順で行うことが求められる。

ステップ3

> "チーム全体にかかわる知識を持ち、担当業務を行うとともに、上位者不在時に日常業務が行えるステップ"である。

ステップ3＜専門＞

　動物管理業務に4年以上の実務経験を持ち、担当業務のみでなくチーム全体の業務知識を持ち、複雑な判断業務を行うことができ、上位者の不在時に業務代行ができる。

　また、施設管理者の示す方針内で、例外処理も自身で対応できることが求められる。

　3S-1.
　　-1. 日常業務の実施計画が立てられる
　　-2. 日常作業について適正な判断をもって指示・監督ができる
　　-3. 機器の消毒および滅菌ができる
　　-4. 飼育機器類（ケージ・給餌器・給水器・ラック・アイソレーター・体重計・オートクレーブ・ケージ洗浄機など）の保守・点検・軽修理ができる
　　-5. 建物・施設の全面消毒ができる
　　-6. 機器の保守点検計画を立て実施できる
　　-7. GLPの基本を理解して業務が実施できる
　　-8. 作業から発生する生データのチェックができる

これらの仕事を行うには次の知識が必要である。
　1. 施設管理者関連業務について概略の実務知識を持ち、施設管理者の不在時に業務を代行できる知識
　2. 動物実験における動物福祉の概念の理解
　3. 動物施設の構造と理論の理解
　4. 指示により動物に感染症が発生したときに対処ができる知識
　5. 施設の運用の知識
　6. 実験動物に関する法規制の理解

3S-2. 飼育用品の発注および在庫管理ができる

　日常の作業を把握し、飼育管理業務に必要な飼育用品を発注・補充すること、および飼育用品の在庫数を管理し、作業に支障のないように、また、清潔が維持されるようにすることが求められる。

3S-3. 施設状況を考慮した動物発注ができる

　研究者の要望に応じて、飼育室の稼動状況やケージ収容状況を考慮して、効率よく飼育室が使用されるように動物を発注できることが求められる。このためには、施設の稼動状況を把握するとともに予測しなければならない。実験動物の供給状況に関する情報を動物ブリーダーから入手して、研究者に知らせることも必要である。

3S-4. 担当業務について関係先と調整がとれる

　業務に関連する内外の関係先と各種の調整が取れなければならない。動物予約と発注についてブリーダー・研究者との調整、資材の購入、業務委託、業務契約、所内他部署との調整などがある。とくに業者との対応では、とかく言動が高圧的になることがあるので節度を持った対応が必要である。会社の看板を背負っているという意識が大切である。

3S-5.
　上位者の指示により、また、自ら非日常事態への的確な対処ができる

　非日常的な事態は、予想できるものと予想できないものがあるが、予想できるものとして以下のようなものがある。
　1. 実験動物に感染症が発生
　2. 動物施設の空調設備、エネルギー供給の故障
　3. 不測の事故における生データの破損

4. 地震による動物施設、設備の破損
5. 社員のケガ・健康障害
6. 動物実験反対活動家の訪問・電話・侵入

これらの事態については、異常時対応ケーススタディを参考にして常時対応できるようにしておく。なお、予想できないものについては、関係者と協議して適性に対応することが求められる。

3S-6. 受託業務の監督ができる

こまめに飼育室に行き委託業務内容を把握し、業務が契約通り実施されていることを確認し、問題があれば業務委託先と協力して対処し、上司に報告できること。必要に応じ委託先と協議してスタッフの教育訓練をサポートできることなどが求められる。

3S-7. 委託先から示された動物施設予算の管理ができる

毎月の経費使用を平均的にするような一年間の経費使用予測を立て、毎月の使用状況をチェックして、予算の使用管理ができる。

3S-8.
実験動物技術者1級に合格している。または同等レベルの経験、知識、実技を有している。

1級資格は、業務実施に当たり必須なものではないが、実験動物技術者2級取得後業務に関する経験と技能を向上させた証であり、社会にも認知されている。1級に合格することによって自信を持ち、さらに業務の幅を拡大させ、向上に役立つ例が多い。

なお、1級の資格を持たなくても、経験豊富で技能に優れている人が多いのは周知のことである。

ステップ3＜一般＞

> 3G-1. 業務に関連するプレゼンテーションができる

　業務に関連した事柄の要点をまとめ、簡潔に社内会議などで発表できる。発表の方法として、PC でパワーポイントを用いるなどの方法がある。

> 3G-2.
> 問題意識を持ち、業務の改善を行い、創造的なアイデアを提案し、実行できる

　問題とは、ある基準に照らして、現状が劣っている状態のことをいう。基準を設定することにより、「いつから起きたのか」「何が、どこに、どれだけ」というように問題が具体的になることを知識として持ち、障害や基準とのずれを理屈で解いたり（これが問題とはっきりしている場合）、考え・創り出したり（困ったどうしよう、何が問題？の場合）できることが求められる。

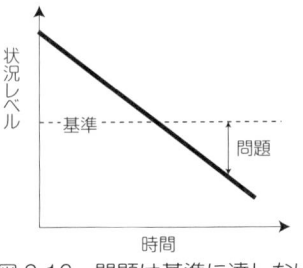

図 2-16　問題は基準に達しない状況

　仕事とは問題解決の連続をいう。

> 3G-3. 担当業務について後輩・同僚を指導できる

　業務においては、担当者が不在だから対応できないということでは困る。したがって自分の担当の業務を後輩・同僚に教えておかなければならない。（ひとつの業務を 1.5 人で行うという考え）また自分の業務に関する SOP を作成し、不在時にも業務が滞らないようにしておくことが求められる。
　自分の Skill を後輩に伝えていくことは、優れた経験者・技術者の責任でもある。

3G-4. タイムリーにレポート・議事録が書ける

　指示・命令されたこと、出張などの報告書をタイムリーに要領よく記述して提出できること、部内会議・チーム会議の書記、委員会事務局として議事録を簡潔にまとめて書くことが求められる。議事録は、会議の日から３日以内に提出できることが求められる。

3G-5. SOP の作成ができる

　動物飼育業務を理解・把握し、適切な SOP を作成でき、業務が SOP から外れていないかチェックすることができる。SOP の内容は、固定的なものでなく、そのときの科学と動物管理部門の状況を反映し正しく適応していることが求められる。

　SOP というと GLP あるいは安全性試験と考え、自分の仕事は GLP と関係ない、したがって SOP も必要ないと考えている人もいる。GLP 制度の成り立ちは、安全性試験と密接であるが、本来 GLP の根本は、ハード、ソフトの両面からの実験の信頼性の保証である。

　実験成績に影響を及ぼす要因については、p.92、図 2-4 にも述べているが、この変動要因を適正に管理するために SOP（手順書）が必要となる。そして SOP 通り作業が行われたことを正確に記録することが求められる。動物実験（飼育管理は動物実験の基本）では SOP のない作業は信頼性にかけるといえる。

3G-6.
同僚・部下・上司との良好なコミュニケーションがとれ、チームワークを高めることができる

　業務は、正確に行われることが求められるため、SOP やマニュアルに拠るところが大きく、マニュアル第一主義になりがちであるが、同僚・部下・

上司およびユーザーである研究者との"心のある"良好なコミュニケーションが求められる。このような良好な職場環境がチームワークを高め質の高い業務の提供に結びつくと考えられる。

　職場環境の円滑化は、大きな命題であるので、各自のできる範囲での努力が求められる。

ステップ 4

"特定分野の専門性を修得し、上位者不在時に代理業務が行えるステップ"で複雑な判断業務に実務経験を有し、施設の運営をサポートする職務

ステップ 4 ＜専門＞

4S-1.
動物施設管理者を補佐または施設管理者として動物管理および関連業務全般の実務知識を持ち、業務の監督・指導ができる

知識：
1. 動物管理者関連業務についての実務知識
2. 動物に感染症が発生したときの対処を指示できる知識
3. 非日常事態への対処法について
4. 社内、社外監査への対応への知識
5. 環境保全の知識
6. 実験動物技術者 1 級の資格

経験：
1. 飼育管理業務の非日常作業についての指示・監督
2. 洗浄、消毒、滅菌の実施の際に臨機応変の使い分けの指示
3. 実験動物全般についての知識・技術を有し、後輩の教育訓練の企画・実施
4. 専門家として飼育管理、動物実験に関して動物ユーザーへの助言

　実験動物技術者１級あるいは獣医師としての知識・技術の活用

5. 建物・施設の全面消毒
6. 感染症の診断・判断と類症鑑別
7. 検査結果を適正に判断し、感染症発生時の対処と指示
8. 感染症発生時の所内対応、ブリーダーへの対応、ICLAS モニタリングセンターへの対応
9. 関連企業動物管理からの情報収集

　関連企業動物管理からの情報収集には、動物管理責任者のネットワークを活用することが必要であるので、機会をとらえて人脈を拡大していく努力がいる。情報を受けるには、こちらからの情報発信も必要である。

4S-2. 動物施設と資源の管理ができ、部署をまとめることができる

　資源とは、人、予算、施設・設備・動物を指し、これらを動物施設の状況に応じて効率的かつ経済的に運用することが求められ、チームリーダーまたはチームリーダーの補佐としてチームをまとめ、明るく快活な職場作りができることが求められる。

リーダー

　会社では一般的に組織図は、責任の重い人が上位に配置されたピラミッド型で表される。仕事を動かすためには命令・助言が下に流れるのは自然なので適正な表現である。

　動物管理責任者は、組織上は動物管理部門の監督者であり、リーダーとして業務上指揮・命令・助言を行使する。

　このような従来の考え方に対し、実験実施者（顧客）へのサービス提供・貢献という観点からは、顧客が重要で上位に配置する考え方がある。この場合、顧客への接点である第一線の飼育管理・動物管理担当者が最重要となる。動物

図 2-17　サーバントリーダーシップの様式

　管理責任者のリーダーとしての役目は、これらの第一線部隊を働きやすくすること（サポート）にある。こうしてみると、リーダーが一番下にくる逆三角形ができあがる。

　第一線部隊を働きやすくするためには第一線に大幅に権限を委譲することが必要になる。顧客のニーズにタイムリーに対応するためには現場の判断、対処が有効で、顧客の満足はさらに感謝に結びつき、動物管理部門の存在感が増大するという図式になる。この場合、第一線担当者は、いちいち上司に連絡して許可を取って行動するということを求められない。
このようなリーダーシップのとり方を"サーバントリーダーシップ"という。

　一番下のリーダーが全部の重荷（責任）を背負う。顧客志向といわれている状況での新しい見方である。

リーダーの課題

　リーダーの課題は、外的にはチーム目標を達成すること（成功）であり、内的には公正であることである。

　リーダーは、命令が服従されるために動物管理部門内によい雰囲気を作り出すことに最善を尽くさなければならない。そのためにはメンバーに分配（報酬、反応、対応、ほめる、礼をいう、その他）の公正さの状態を維持しなければならない。そのために、特定のチームメンバーと馴れすぎてはいけない。

　その結果、リーダーは孤独となる！

　メンバーは、リーダーの命令や助言を聞くことによって分配を得られる体験をするとリーダーからの命令・助言に従う可能性が増大していく。そしてメンバーはリーダーに対し、尊敬し敬服するが、好きになれないといった、相反する感情を持つようになる。集団から孤立したリーダーが生産的というデータもある。

　リーダー像やリーダーシップについては、多くのテキストがあるので、自己啓発として取り組むことも必要である。

> 4S-3.
> 感染症の特徴を理解し、異常動物判定のための検査と対処の指示・監督ができる

　実務知識と経験として自分の持っている感染症に関する知識を後輩に指導することによって、対応の補助者を養成しておき、異常時にタイムリーで適正な対応がとれることが求められる。また、異常動物発生時には、異常動物判定のための検査と対処の指導・監督ができることが求められる。

> 4S-4.
> GLP ならびに実験動物に関する法規制・動物福祉に則り十分な対応の指示・指導ができる

　試験および研究開発にかかわる動物実験については、関連データの質保証のために飼育管理業務は GLP 準拠で行うことが望ましい。(GLP の内容は、適正な動物実験実施のための項目といえる)。その他動愛法、基準、ガイドラインなど実験動物に関する法規の概要を知り、スタッフおよびユーザーである研究者に適正な指導ができることが求められる。

> 4S-5.
> あらかじめ予測できる非日常事態に対しどうすべきかを的確に判断し、自ら行動指針を作成できる

あらかじめ予想できる非日常的な事態は、以下のようなものがある。
1. 実験動物に感染症が発生
2. 動物施設の空調設備、エネルギー供給の故障
3. 不測の事故における生データの破損
4. 地震による動物施設、設備の破損
5. 社員のケガ・健康障害
6. 動物実験反対活動家の訪問・電話・侵入
これらの事態については、異常時対応マニュアル「ケーススタディ」を

作成して常時対応できるようにしておくことが求められる。ケーススタディの内容は、新たな経験や知識を加え、年に１度は見直し、スタッフに対応訓練を実施することが求められる。

　なお、予想できないものについては、関係者と協議して適性に対応することが求められる。

　4S-6.
　業務について自らが持つ知識・ノウハウなどを指導・アドバイスできる

　飼育管理業務は、おおむねチームワークで行われる。したがって、業務について自らが持つ知識・ノウハウなどを指導・アドバイスし、先輩社員としてチームメンバーの育成を行い、チームの専門性向上と業務能力拡大を図ることが求められる。専門性が増すとエキスパートともいわれるが、反面専門バカともいわれることがある。専門性向上に加えて、専門以外の教養も身につけるように留意したい。

　教養とは単なる学識（深い学識）・多知識とは異なり、一定の文化・理想を会得しそれによって個人が身につけた創造性や理解力や知識をいう。

ステップ４＜一般＞

　4G-1.　迅速な決断ができ、業務のスピードを速めることができる

　業務は、それが正確にスピーディーに行われることが求められる。迅速な決断ができ、業務のスピードを速めるためには、関連する業務内容を把握できている必要がある。判断は個人の判断に加えて、関係者の判断があることによって的確なものとなる。そのためには、関係者と意見調整できることも求められる。

4G-2. 所内外の人とコミュニケーションがとれる

　2人以上の人間がいれば、コミュニケーションの必要性が生じる。ステップ4ではチーム内はもちろんのこと所内外に関連する業務を進めるため、相手に不快感を与えないコミュニケーションが求められる。また、所内外に人脈を築くことは業務を円滑に行うために求められることである。そのためには機会をとらえ、多くの分野の人と交流することが望ましい。

4G-3. 所内会議でのプレゼンテーションができる。また学会発表ができる

　業務関連の説明や報告およびチームリーダーとして主張を述べるため所内会議でプレゼンテーションができること。あるいは動物管理関連業績を学会発表できることが求められる。

　発表の方法として、PCでパワーポイントを用いるなど、自分のいいたいことをいかに簡潔にまとめ、聴衆に理解してもらうように発表できるかが重要である。

　一般には理解させようとすると理屈を並べることとなり、聴衆は話に飽きて眠くなるものである。興味を持って聞く場合は眠くならないものである。興味を持たせる一番のものは体験談、実例である。

4G-4. 対象者に合わせたOJTを実施できる

　ステップ4では、下位のスタッフに対して、自分なりの改善を加えて基礎知識や技術を指導できることが求められる。指導の方法には、講演会、勉強会へ参加するOFF-JTの方法もあるが、業務に関しては、計画的なOJTが必要である。具体的説明なしで、やってみれば解るという姿勢で実践を重視しがちで、この実践をOJTとしている場合があるが、これではいけない。OJTでは、仕事を割り当てること、仕事をどう進めればよいのかを教えること、なぜそうするかを教えることが大切である。一般にOJTでは6か月から1年の期間が必要である（p.121～125参照）。

> 4G-5. 業務実施に当たり、適切なアドバイスができる

　業務実施に当たり、業務目標を作成する。さらにチーム目標をスタッフの分担あるいは協同目標として調整し、各自の業務目標達成がチームの成果となるようにする。したがって、各自はチーム目標を分担していることとなるので、お互いに進捗状況の確認がしやすく、アドバイスがしやすくなる。チームリーダーの能力としては、個々の目標がチームとしてまとまるように各自への適切なアドバイス・サポートを行うことが求められる。

> 4G-6.
> 組織の向かう方向性・将来展望を描くことができ、部下を方向付けできる

　動物施設で行われる研究の方向性を予測し、部署の進むべき方向性を示し、資源を有効に活用し、中核となる数名の部下の日常業務を指導・監督するとともに必要な能力向上をサポートできることが求められる。

> 4G-7.
> 発想を転換し、新しいアイデアを加えながら業務プロセスの革新を行える

　今までのやり方、仕組みあるいは動物管理部署の専門的考え方から離れて、問題を捉え（既成の基準にとらわれずに業務を見直し）、スタッフから新しい視点でのアイデアを引き出し、収集すべき情報を理解・分析し、活用することによって業務革新を目指すことができる。なお、他部署が絡む場合は、部署間の調整も必要である。

4G-8. 部署の雰囲気を改善し、スタッフの活力を高められる

　オープンに意見を言い合える職場作りが求められる。そのためにはスタッフの言動、業務、業績をプラスに評価することが必要である。このプラスに評価されるという体験をすると、スタッフはリーダーからの命令・アドバイスに従う可能性が増大していき、活力が増大する。その結果、職場に素直にものが言える雰囲気が生じてくる。

　オープンに意見が言い合える場面は、会議というより、スタッフが互いに楽にものを言える、雑談しやすい職場環境作りから生まれるという事実がある。他人の何げない一言から"ピーン"とくることはよく経験することである。（飲み屋での話は、よい意見が出やすいが、翌日には何を言ったか忘れてしまうので、友好的であるが有効的でない）

　個々においてもプラスの評価は、やる気向上のため重要である。

4G-9. 実績を公正な判断基準に基づいて評価できる

　仕事の達成度、内容の充実度、技能の向上度をできるだけプラス評価して、結果をスタッフにフィードバックし、達成感を共有することによって信頼関係に基づいて次の仕事に取り組むことができる。

　飼育管理業務は、"できて当たり前"の要素が大きく業務評価が難しくマイナス評価となりやすいが、スタッフの可能性を信じ、スタッフのよいところを心に留め、スタッフ個々の持ち味を活かして仕事を任せることが部署責任者として必要である。結果として部署内の雰囲気が良好となり活力が高まることが期待できる。

　部署長の課題は、外的には部署目標を達成すること（成功）であり、内的には公正であることである。部署長は、命令が服従されるために部署内によい雰囲気を作り出すことに最善を尽くす。そのためには部署スタッフに分配（報酬、反応、対応、ほめる、礼を言う、その他）の公正さを維持しなければならない。そのため、特定のスタッフと慣れすぎてはいけない。その結果リーダーは孤独となる。集団から孤立したリーダーが生産的というデータがある。

6）飼育管理業務委託スタッフのトレーニング（個別教育プログラム）

①目的

　動物管理で実施する飼育技術者に対する教育訓練について規定する。<u>注意事項は、業務委託契約（請負契約）においては、委託側は業務を行う社員に対し指揮命令権を発揮してはならない</u>ことである。したがって配属される飼育技術者の一般的な教育は、飼育管理業務受託会社側が実施するが、実験動物飼育管理業務の信頼性と質を維持するために、委託側研究施設に特化した事項については、受託側の会社の了解の下に、動物管理責任者が企画した教育・訓練を実施する。内容は飼育管理部門スタッフのトレーニングを参照する。

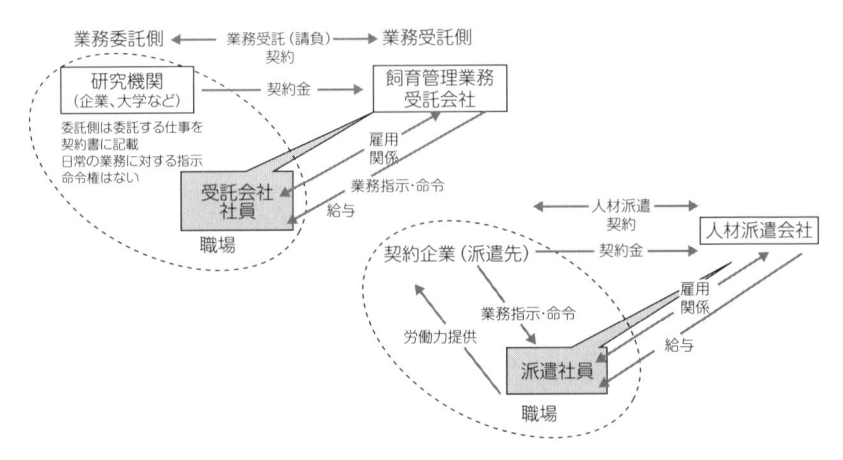

契約期間に制限はないが業務に
対する指示命令ができない

特定の業務以外は契約は 1 年が限度
それ以上の業務の必要性があれば正社員に

図 2-18　業務委託契約（左）と派遣契約（右）の違い

②新規に配属された飼育技術者への教育・訓練
　-1　動物管理責任者が実施する教育訓練
　　　動物管理責任者または講義を依頼されたものは、以下の内容を新規に
　　　配属された飼育技術者へ講義し、業務への理解を深める。
　　　- -1　動物実験関連法規ならびに動物福祉
　　　- -2　実験動物と飼育管理

- -3　GLP と SOP の概念と役割および内容と注意点の説明
- -4　生データおよび記録の訂正法
- -5　動物実験施設ルールおよび実験動物の疾病の分類と飼育区域
-2　業務受託会社飼育技術者主任が実施する教育訓練
  - -1　請負業務契約について
  - -2　配属先（本研究所）での勤務体制について
  - -3　動物施設の内部説明
  - -4　SOP の個別説明
  - -5　通常作業の説明および業務に関する知識と技術（操作）OJT
  - -6　実験動物の観察 OJT
  - -7　異常動物の発見と判定 OJT
  - -8　検疫と異常動物への対処 OJT
  - -9　隔離 OJT
  - -10 病原微生物と消毒・滅菌 OJT
-3　配属後の担当場所
  - -1　委託側研究所以外の外部動物施設で研修または作業を実施し、SOP に定めた期間を経過しないで配属された場合は、動物飼育区域への入室を行わない研修を行う。
  - -2　研修期間は、業務経験により飼育技術者主任が決定する。
-4　日常的に行う飼育技術者への教育・訓練
  - -1　動物管理責任者は、日常的に必要と判断した事項について、飼育技術者主任と協議の上対処する。
  - -2　飼育技術者主任は、日常業務で必要と判断された事項について、飼育技術者への教育・訓練を行うとともに、自らの知識および技術の向上に心掛ける。
-5　教育・訓練の記録
　　教育・訓練を実施した場合は、記録し保管する。

3. 実験動物施設の管理および作業の手順書

（1）管理および作業手順書の必要性

　動物実験施設の管理運営は、施設の利用目的を反映した管理基準と作業手順が定められていなければ難しいものである。

　はじめに、施設は動物実験のために使用されるものであり、単に実験動物という名の動物を飼育する施設ではないことを認識しておく必要がある。

　動物実験においては、図2-19に示すように動物を取り巻く諸因子が実験成績に影響を与えている。これらの諸因子をできるだけ一定に保ち、動物を健康に保つことによって信頼性の高い実験成績が得られる。

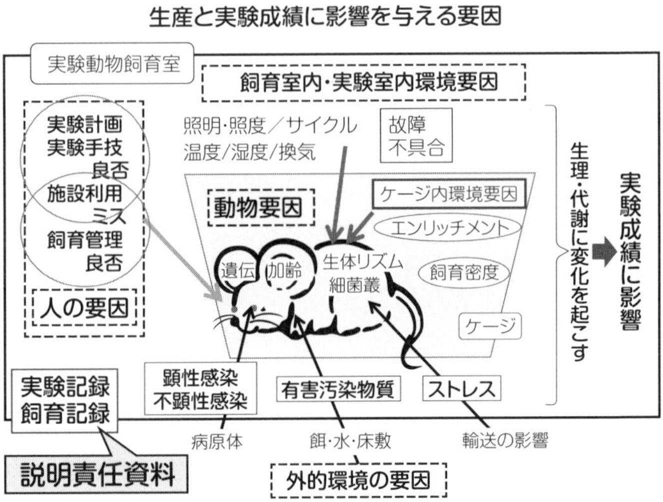

生産と実験成績に影響を与える要因

図 2-19　生産と実験成績に影響を与える要因

　このような諸因子を大別すると以下のようになる。

①日々成長、老化する動物の生態そのものに起因するもの

②温湿度や照明サイクル、飼育密度、飼料などの環境の影響

③感染症など微生物にかかわるもの

④飼育管理者や実験実施者による人為的ミス

　これらの因子をコントロールするためには、基準や作業手順書が不可欠である。基準や作業手順書なしには、実験成績の信頼性を確保できないからである。

作業手順書は、施設によっては作業マニュアル、標準操作手順書（ＳＯＰ）などと呼ばれているが目的は一緒である。

一方、作業手順書は、飼育管理者や実験担当者の技能教育にも活用できる。とくに新たに担当業務に就く人に対してはキチンとした作業および安全作業のテキストとして有用である。

（2）手順書記載推奨項目と説明

手順書の項目としては以下のようなものを含むことを推奨する。内容の濃淡あるいは項目のまとめ方として、以下の説明の内容を理解して、当該動物施設の規模や運営方法に応じて変えることは差し支えない。

内　容	コード	
管理体制	MA-1	動物施設の管理体制
	2	教育訓練と利用者登録および動物施設のセキュリティ
	3	記録の保管
	4	緊急連絡体制

［説明］

MA-1：動物施設の管理体制として施設管理責任者、動物管理責任者、飼育管理責任者などを組織構成に合わせて明確にする。また、連絡先、施設利用可能時間帯なども記載しておく。

MA-2：施設利用開始時あるいは施設内での飼育管理作業に当たる担当者への教育訓練プログラムあるいは内容などについて記載する。内容については安全衛生項目も含めるとよい。プログラム詳細は別に定める。

MA-3：飼育管理作業、施設入退の記録などは実験成績の信頼性保証のデータとなるので、データチェック、保管場所、保管期間などを定めておく。

MA-4：平日および休日の緊急連絡先、傷害発生時の病院などについて記載しておく。

安全衛生	SA-1	動物実験施設の危険因子
	2	人獣共通感染症 (Zoonosis)
	3	アレルギー症
	4	薬品の法的管理

【説明】

SA-1：動物実験施設に存在する通常危険因子および過去のヒヤリハット
　　　などの実例からの注意点などを記載する。

SA-2：実験動物から人へ感染する可能性のある疾病があることを認識す
　　　る。
　　　なお、いたずらに怖がるのでなく、国内での発生状況、感染経路
　　　などの知識も記載する。

SA-3：動物施設従事者に発症する動物アレルギーとラテックスゴムアレ
　　　ルギーについて述べ、防御上の注意点、保護具について記載する。

動物実験 施設	FA-1	飼育動物種と動物の微生物学的分類
	2	動物施設と飼育室等配置
	3	環境条件
	4	施設異常時の対応（停電、断水、地震など）

【説明】

FA-1：飼育動物種とその微生物学的分類（SPF、コンベンショナル）お
　　　よび動物導入先の条件、動物施設の関連、動物の取扱順などにつ
　　　いて記載する。

FA-2：動物施設と内部の飼育室、実験室および付随施設の関連を図示する。
　　　バリア動物施設ではクリーン区域とバリアがどこであるかを明確
　　　に示す。

FA-3：飼育室の環境条件を明確にする。実験上の必要性から変更する場
　　　合の手続き、監視の手順、記録方法、異常発生時の対応、連絡先
　　　についても記載する。

FA-4：非日常的対応として長時間の停電時、断水時、火災、地震時の動
　　　物施設での対応について記載する。あらかじめ決めておかなけれ
　　　ば非常時の適正な行動はできないからである。

実験動物	AN-1	動物発注
	2	動物導入（検収、検疫、順化など）
	3	個体識別とケージラベル
	4	使用ケージとケージサイズ
	5	ケージ内収容匹数（飼育スペース）
	6	対象感染症（SPF基準）
	7	微生物モニタリング
	8	動物異常時の検査

[説明]

AN-1：動物の発注方法を記載する。実験担当者が個々に発注するのでなく、動物施設の空きスペースを把握した発注担当者から、間違いが起こりやすい電話でなく、FAXやメールで連絡することを明確にしておくことが大切である。

AN-2：動物導入時の手続きと作業について記載する。動物施設への感染症侵入原因の多くは、感染した動物の導入による。動物の導入元の微生物コントロールレベルにより対応が異なるので、想定される導入元により対応を変える必要がある。SPF動物とコンベンショナル動物ではまったく対応が異なる。

　　　導入作業の中で、「検収」は軽視されがちであるが、導入動物が間違いなく納入されているかチェックすることは重要な作業である。雌マウスの中に雄マウスが1匹混じっていたという例は、実験中断にかかわる事例である。

　　　「検疫」作業は、SPF動物で動物導入元が信頼できる場合は省略できるが、導入後少なくとも1週間は、動物の観察をしっかり行うべきである。

　　　「順化」は、気にしない使用者もいるが、動物に対する輸送の影響は無視できないものがある。少なくとも1週間は、受入れ動物施設の環境に順応させてから実験に使用すべきである。通常、順化は、検疫期間を兼ねて実施するとよい。

AN-3：個体識別は、動物実験上必須である。なぜなら動物実験上、動物の取り違えミスはよく起こるからである。検疫中の体重測定などで、個体識別をする必要がある場合は、動物使用者と打合せの上、個体識別を実施する。個体識別の有無にかかわらず、個々のケージには、収容動物の情報（導入元、系統、導入時週齢、性別、使用者名などを記載したケージラベルを添付する。個々の動物を見

ただけでは、これらの情報がわからないからである。

AN-4： 動物施設で使用するケージの種類とサイズについて動物種ごとに記載する。また、床網を用いるケージでは使用する理由を記載しておくとよい。動物実験分野の傾向として、床網を用いる場合は、その理由の説明を求められる場合がある。

AN-5： ケージ内の動物収容匹数は、ケージ内の環境（温度、湿度、臭気）に影響を及ぼし、実験データバラツキの要因となる。ILAR のガイドなどを参考に、動物種、体重に応じて適正な収容匹数を定めておくことが必須である。一方収容匹数は、動物福祉上重要なポイントである。過密飼育は避けなければならないが、1 匹（単数）飼育も避けることが望ましいとされている。実験上必要であれば実験責任者の指示により収容数を変更できるように記載しておくとよい。

AN-6： 動物施設で防除対象とする微生物（SPF 基準）は実験目的により異なる。通常複数の利用者の共同利用となる動物施設では、施設の管理上最小限の防除微生物を定めておき、必要に応じて対象微生物を追加するとよい。

AN-7： 微生物モニタリングは、飼育、使用（実験）中の動物の健康保証の一環として行う微生物検査である。モニタリング用あるいはリタイヤ動物を用いて、あらかじめ定めた検査対象微生物を定期的に検査するもので、いわゆる定期健康診断のようなものである。定期的に実施することにより、信頼性を高めることができる。ここではモニタリング方法まで記載しないが、動物施設の管理上、微生物モニタリングを実施する手続き、流れについて記載しておく。

AN-8： 動物異常時の疾病検査手続きについて記載する。微生物モニタリングと違って異常時の微生物検査は、疑いのある微生物に絞って、病原体確定のために検査を実施することが多い。

飼育管理	CA-1	動線と動線図
	2	施設入退法
	3	物品搬入、搬出法
	4	水、飼料、床敷と保管期限
	5	動物の取扱い
	6	ケージ交換手順
	7	給餌、給水手順
	8	動物の観察法
	9	動物異常時の対応
	10	エンリッチメント
	11	飼育室などの清掃と消毒
	12	動物の逃亡防止と逃亡時の対応
	13	ケージなどの洗浄と消毒（滅菌）
	14	動物の死体処理と廃棄物処理

［説明］

CA-1：動線とは、動物施設における、人、作業、動物、物品の流れを明確にしたもので、微生物汚染コントロールの重要な因子である。動物施設でのそれぞれの動線を明確にし、動線図で示す。また図示できない微生物学的レベルの異なる動物への接触順序および飼育室、実験室の使用順序については文書で記載する。

CA-2：動物施設への入退室手順と注意点について記載する。動物施設の感染症侵入原因は人の出入りに伴うものも多いので、消毒、着衣交換などがきちんと行えるようわかりやすく記載する。写真や図などを利用して説明すると理解しやすい。

CA-3：動物施設の感染症侵入原因の一つである動物施設への物品搬入搬出法と注意点について記載する。物品の搬入経路（オートクレーブ、パスボックス、パスルームなど）と滅菌あるいは消毒方法について記載する。滅菌と消毒の区別についても触れる。搬出については一般動物室と P2/BSL2 動物室からの搬出の違いについても述べる。

CA-4：水、飼料、床敷は実験に影響を及ぼす因子であり、とくに疾患モデル動物では、飼料の選択と管理は重要である。水、飼料、床敷には天然材料が使用されるので、重金属、農薬、微生物汚染他の有害汚染物質が混入する場合がある。そこで、品質管理として有害汚染物質の分析が行われている。動物施設で分析を実施しない場合は、メーカなどの分析成績表を入手するなどの記載をする。また、長期保管により酸化、変敗なども起きるので、保管場所、

保管期限、保管温度について記載するとよい。

CA-5：動物の取扱いは動物の習性などを考慮して、危害を受けないよう、また動物に必要以上のストレスを与えないようにすべきである。動物に接する初心者向けに標準的動物取扱いの方法、安全な取扱いに対する注意点などを述べる。

CA-6：ケージ交換の頻度とケージ交換方法について述べる。ケージ交換は単純作業と考えられがちであるが、ケージ交換は、動物を手にとって観察できる最適のチャンスである。一方、取扱いによっては、動物を床に落としたり、ケージ外に飛び出したりする場合もあるので、ケージ交換に当たっての注意点を記述する。また、注意点としては、ケージの並びを変えないことも述べる。

CA-7：給餌、給水は動物の健康にかかわる重要事項である。これも単純作業と考えられがちであるが、飼料を間違えずに一定量与えること、確実に給水することは動物の生命にもかかわることである。給餌、給水の頻度と注意点を述べ、ミスを防止する。なお、給水に関しては、水漏れと絶水についての注意点も記載する。

CA-8：動物の観察は、健康管理のために重要である。観察方法については別に記載することとし、飼育管理作業上の手順、記録方法、観察の注意点などを記載する。

CA-9：動物異常時の対応について述べる。対応としては、現状把握、原因予測、必要に応じて隔離などの処置、原因究明のための検査および関係部署への連絡、報告などについて記載する。ことが起こってからの対応は円滑に進まない場合が多いので、あらかじめ決めておく。もちろん、ケースバイケースで対応することも必要であることも述べる。

CA-10：エンリッチメントには玩具、巣材などおよび同種あるいは他の動物とのかかわりがある。昨今の動物福祉への対応として無視できない項目である。しかし、動物実験ではエンリッチメントは、実験目的達成の範囲で用いるべきである。採用に当たっての注意点として、動物実験責任者の指示が必要であることも記載する。動物種ごとに対応は異なる。

CA-11：飼育室などの清掃と消毒の頻度、方法と手順について述べる。日常の清掃と消毒は、動物施設の衛生維持のため必須事項となる。清掃の手順と消毒液について記載しておくことは必要である、と

くに消毒液の濃度と調整方法、使用方法（使用場所）、使用期限については、各々の消毒液ごとに記載しておく。とくに調整方法については、簡便に正確な濃度となるような方法（たとえば1リットルの水に10mlの消毒液を加えるということでなく、大カップ一杯の水に小カップ1杯の消毒を加えるというような方法）を記載する。消毒液の使用期限記載については忘れがちであるので注意する。

CA-12：動物の逃亡防止は不意に起こるものであり、捕獲は難しい。少なくとも飼育室、実験室外に逃亡しないような対策、たとえば、ネズミ返しの設置、ドアの開閉、二重扉であれば同時に両方開放しない、扉の開閉は最小限とするなどについて記載しておく。とくに遺伝子組換え動物の飼育に当たっては逃亡防止を第一に考慮して、動物施設を準備する必要がある。また、逃亡時の対応についても捕獲のみでなく、捕獲した動物の処置、捕獲できなく施設外へ逃亡させてしまったときの処置、連絡先についても記載しておく。

CA-13：ケージなどの洗浄と消毒（滅菌）
ケージなどの準備と洗浄・消毒あるいは滅菌方法について述べる。飼育器材の衛生管理は、大切な事項である。
使用済みの床敷の処理保管方法、保管場所についても記載する。

CA-14：動物の死体処理と廃棄物処理
動物の死体の処理と保管方法、保管場所について記載する。死体の最終処理は自治体の許可を得た外部業者に委託する場合が多いが、処理方法は各自治体で異なるので、確認して適正な方法を述べる。
その他、一般廃棄物、医療廃棄物、産業廃棄物についても自治体のルールに従うことを記載する。

機器取扱い	EQ-1	オートクレーブの操作法
	2	自記温湿度計の取扱法
	3	動物用天秤の取扱法
	4	機器異常時の対応

[説明]

EQ-1： 高圧力蒸気と熱傷に安全上の配慮が求められるオートクレーブの操作法と注意点について述べる。できるだけ写真などを利用すると安全操作や安全装置についての説明がしやすい。管理者の氏名、異常・故障時の連絡先も記載しておく。年に1度の法定点検と毎月の自主点検についてもふれる。使用記録、保守点検の記録の保存についても述べる。

オートクレーブ以外にも安全上注意を要する機器については操作手順書を作成しておくことが望ましい。

EQ-2： 自記温湿度計は、飼育室の温湿度の状況を記録するために用いる。現在、多くの飼育施設が中央監視システムを採用しているが、個々の飼育室での温度湿度と変化を目視できる点で有用である。中央監視でない個別のエアコンでの温湿度制御では、実験のデータの一つとして室内の温湿度記録は必要である。温湿度の記録もない動物実験成績の信頼性はいかがなものであろうか。

自記温湿度計の定期的精度管理の方法と頻度および記録についても記載するとよい。

EQ-3： 実験データに関係して、使用方法と精度管理が必要なものに動物用天秤がある。現在電子天秤が多用されており、セルフチェック機能などを備えたものも使用されている。使用に当たって、動物の動きによるブレを平均化して表示するもの以外は、動物をおとなしくさせた状態で表示を読み取る手技が求められる。天秤の正しい使用方法と精度管理および使用記録、点検記録を保管することなどを記載する。

EQ-4： 機器は操作上の誤り、経年変化により異常を示すことがある。
異常時の対応についてあらかじめ応急措置、代替機器、修理連絡先などを記載しておく。

4. 自己点検・評価手順書と自己点検評価表

(1) 動物実験実施に関する自己点検評価手順書

> **1）目的**
> ＊＊＊＊省の動物実験に関する基本指針、日本学術会議の適正な動物実験に関するガイドライン（第 11 項）に基づき実験動物が適正に飼育され、動物実験の科学性、動物福祉が確保されたことを保証するために、所内で動物実験状況の自己点検・評価を行う。

　各省の基本指針とガイドラインは、内容の構成等が異なるがいずれも自己点検評価と結果の公開が必要であることを述べている。自己点検評価実施は、法令順守の項目であることを認識する必要がある。また、下記の各省の基本指針にある当該研究機関以外のもの（第三者評価機構）による検証を受ける場合にはあらかじめ機関内で自己点検評価が行われていることが前提になる。

文部科学省動物実験に関する基本指針（2006 年）

> 第6
> 　2
> 　　機関の長は、動物実験等の実施に関する透明性を確保するため、定期的に、研究機関等における動物実験等の本指針への適合性に関し、<u>自ら点検及び評価</u>を実施するとともに当該点検及び評価の結果について、<u>当該研究機関以外の者</u>による検証を実施することに努めること。

　当該研究機関以外の者による検証として国動協 / 公私動協による相互検証制度が準備されていた。
　2018 年度より、制度は（公社）日本実験動物学会に移管されている（http://www.jalas.jp/index.html 参照）。

厚生労働省動物実験に関する基本指針

> 第2
>
> 7
>
> 機関の長は、定期的に、実施機関における動物実験等の本指針および機関内規程への適合性について自ら点検評価すること。
> （厚生労働省の指針では、「当該研究機関以外の者による検証」については 2015 年に追記された）

　当該研究機関以外の者による検証として（公社）ヒューマンサイエンス振興財団（HS）の認証センターの認証制度が開始されている（http://www.jhsf.or.jp/ 参照）。

農林水産省の動物実験に関する基本指針

> 第6
>
> 2
>
> 研究機関等の長は、動物実験等の実施に関する透明性を確保するため、定期的に、研究機関等における動物実験等のこの基本指針への適合性に関し、自ら点検及び評価を行うとともに当該点検及び評価の結果について、当該研究機関以外の者による検証を実施することに努めるものとする。

　当該研究機関以外の者による検証として、（公社）日本実験動物協会の動物福祉認証制度が実施されている。

日本学術会議動物実験ガイドライン

> 第 11
>
> 機関の長は、動物愛護に配慮した科学的な動物実験等の推進を図るため、指針ならびに規定への適合性に関し、定期的に自己点検・評価を行う。また、当該機関等以外の者による検証を行うことを考慮する。自己点検・評価等の記録は、規程に従って一定期間保存する。
> （以下省略）

> **2）点検・評価を実施する組織およびメンバー**
> 　動物実験委員会の複数委員による自己点検評価を実施する。評価委員が別個に選任された場合は、この任務は評価委員に移行するものとする。
> 　点検は、動物実験に知識、経験を持つ者と、実験に携わっていない者の複数で行う。

［説明］

　開始当初は、動物実験の体制を理解している動物実験委員会の委員が行うのが能率的である。

　数回の実施で改善点が見出せなくなったときに、委員会以外の人に新しい視点で評価を依頼するのがよいと考えられる。

> **3）点検・評価の手順**
> ①点検評価は、年１回、年初に実施し、動物実験の管理体制その他の書面調査と施設調査をする。
> ②必要に応じて、機関の長、動物実験倫理委員会委員長、委員会事務局、動物管理責任者、実験動物技術者へのヒアリングを行うので、その場合は事前に面談日時を知らせておく。
> ③動物実験施設の実地調査を行い、実験動物に対する福祉的配慮を口頭、あるいは書類で確認する。
> ④動物実験倫理委員会事務局は、点検に必要な下記資料を準備する。
> 　-1 所内の動物実験関連規程
> 　-2 組織図など管理体制を示すもの
> 　-3 動物実験倫理委員会組織に関するもの
> 　-4 年間の動物実験の状況の概要
> 　-5 審査記録（実験計画書）のファイル
> 　-6 最近３回の動物実験倫理委員会議事録
> 　-7 最近１年の実地調査報告書
> 　-8 教育訓練資料と記録
> 　-9 委員会関連規定と手順書
> 　-10 動物実験関連の不適正事例発生事項の対応記録など

⑤ 動物管理責任者は点検に必要な次の資料を準備する

　-1 動物実験施設見取り図

　-2 動物管理に関する手順書

　-3 動物の年間使用状況

　-4 飼育管理記録（搬入時の記録、飼育記録、モニタリング記録
　　その他）

　-5 動物施設空調のデータの概要

　-6 教育訓練資料と記録

［説明］

　点検にはおおよそ3時間ほど必要なので、点検を容易に進めるために関連する書類をあらかじめ用意しておいてもらうと効率的に作業が進む。

4）点検の実施

①点検・評価者は、様式1（p.57〜）のチェックリストを用いて項目ごとに点検・記載する。

②点検は、口頭で質問するものと、記録類などの書類確認によるものがある。

点検に当たり、あらかじめチェックリストを渡し、実施状況を記入し、事前に提出してもらい、記載内容を確認しておくと点検作業が円滑に進む。

書類項目以外は記入があればチェック担当者が回答に矛盾を感じたとき、あるいは、記入がなければ質問してチェックリストを満たす。

［説明］

　自己点検の実施は、自施設の状況を調査するものであり、適正な動物実験実施向上への重要な手段となるものであるが、その他に、この点検表は厚労省の基本指針第7-3、農水省の基本指針第6-3に示されている「動物実験を他の研究機関に委託する場合……」にあるように実験を他の機関に委託（共同実験も含む）する場合、委託先の動物実験が適正に実施されていることの確認調査のために応用できる。また、自己点検・評価の実施は、第三者評価を受ける場合にも必要である。

5) 評価の実施

評価は4段階とし、様式4（p.69）に全体をまとめて評価する。

①基本指針、ガイドラインおよび所内規程に適合し、動物実験のすべてが適正に実施されている。

②2、3ガイドラインに適合しない改善点があるが、動物実験が科学性と福祉に配慮して実施されている。

（動物実験の管理体制に改善できる問題点が見られるが、動物実験施設、飼育管理、実験の実施は適正に行われている）

③いくつかの改善点があるが、動物実験は3Rsを考慮して実施されている。

（動物実験の管理体制、動物施設、飼育管理体制などに改善できる不備な点が見られるが、動物実験は3Rsを考慮して行われている）

④ガイドライン、所内規程に適合せず、不適正に動物実験が実施されており、重大な改善点がある。

（動物実験の管理体制が整っていない、3Rsをまったく考慮していない、動物施設に重大な不備がある、飼育管理体制が十分でないなど、動物実験を行う条件のいずれかが欠けている）

［説明］

評価の段階に限らず、コメントがあれば記載する。改善点のみでなく、よい点にも触れることが必要である。

動物実験施設の運営としては、②以上であるように維持管理すべきである。

6) 評価結果の報告

評価の結果、改善点に基づき、最後にまとめ評価をし、コメントがあれば記載する。

評価結果は、動物実験委員会を経て機関の長に報告する。改善点が指摘されたとき、機関の長は必要な改善計画を立てて実行するように関係の責任者に指示し、結果を確認する。

［説明］

機関の長は改善点があれば対処を指示し、その結果を確認する。

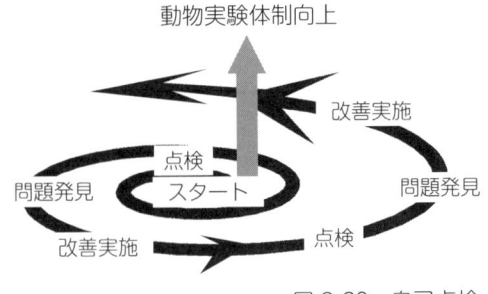

第三者検証の前に、まず、自己点検評価を！
●自己点検で何がわかる？
●自己点検は改善の第一歩？
●自己点検は誰が実施？

図 2-20　自己点検・評価

(2)　自己点検・評価表

●この点検は、自己の研究施設での動物実験が、所内の動物実験規程に基づいて適正に行われていることを確認するために実施するものである。
点検内容としては、動物実験を行うのにふさわしい管理体制を構築しているか、適正に動物実験が行える施設であるかを所内の担当者が点検し、お互いに動物実験の状況を認識し、改善点などを見出すために行う。点検に先立ちチェック表に記入し、点検日前に自己点検担当者に提出する。記入できるところはできるだけ具体的に記入するとよい。

●「網掛け」部分は書類、実際の施設の状況などを担当者が口頭あるいは書類で確認する。
事前に資料を準備しておくことにより点検作業が円滑に進む。
担当者が施設に立入るので、立入りについての条件があれば事前に自己点検担当者に知らせておく。

1)　機関内組織・体制など
(基準第 1-4、文第 2-4、厚第 2-4、ガイドライン第 2-4、10 の実施に関連する点検)

＜解説＞
1-1 から 1-20 までは動物実験にかかわる組織と体制についての点検である。
機関の長の責務、動物実験委員会の責務、動物実験責任者の責務について書類で実施状況を確認する。機関の長の責務は、①機関内規程の策定、

②動物実験委員会の設置、③動物実験計画の承認・非承認、④実験実施結果の把握、⑤教育訓練、⑥自己点検評価、⑦情報公開である。

　この中で、動物実験実施上の要点であるが整備が遅れている教育訓練については改善を期待してチェック内容を詳細にしている。また、自己点検評価、情報公開については、文科省基本指針では自己点検評価、第三者の検証を受けること、情報公開の3点は必須事項としており、厚労省 基本指針では管轄の研究所、企業などでの自己点検評価と適切な手段による情報公開は必須事項となる。第三者検証は現在 AAALAC International、（公財）ヒューマンサイエンス振興財団、（公社）日本実験動物協会、（公社）日本実験動物学会の外部検証制度が利用できる。いずれも機関の長の責務である。

(3) 第 2 部参考文献・資料等

1) 動物実験関連お役立ち Web サイト

①動物の愛護及び管理に関する法律
　http://elaws.e-gov.go.jp/search/elawsSearch/elaws_search/
　lsg0500/detail?lawId=348AC1000000105
②実験動物の飼養及び保管並びに苦痛の軽減に関する基準
　https://www.env.go.jp/nature/dobutsu/aigo/2_data/nt_
　h180428_88.html
③動物の殺処分法に関する指針
　http://www.env.go.jp/nature/dobutsu/aigo/2_data/laws/
　shobun.pdf
④文部科学省　研究機関等における動物実験等の実施に関する基本指針
　http://www.mext.go.jp/b_menu/hakusho/nc/06060904.htm
⑤厚生労働省　厚生労働省における動物実験等の実施に関する基本指針
　http://www.mhlw.go.jp/file/06-Seisakujouhou-10600000-
　Daijinkanboukouseikagakuka/honbun.pdf
⑥日本学術会議　動物実験の適正な実施に向けたガイドライン
　http://www.scj.go.jp/ja/info/kohyo/pdf/kohyo-20-k16-2.pdf
⑦遺伝子組換え生物等の使用等の規制による生物の多様性の確保に関する
　法律
　http://law.e-gov.go.jp/htmldata/H15/H15HO097.html
⑧特定外来生物による生態系等に係る被害の防止に関する法律
　http://www.env.go.jp/nature/intro/
⑨感染症の予防及び感染症の患者に対する医療に関する法律
　http://elaws.e-gov.go.jp/search/elawsSearch/elaws_search/
　lsg0500/detail?lawId=410AC0000000114&openerCode=1
　第 8 章
　感染症の病原体を媒介するおそれのある動物の輸入に関する措置
　(第 54 条～第 56 条)
⑩PREPARE のガイドライン
　https://norecopa.no/media/7884/prepare_checklist_japanese.
　pdf
　(要約訳) 久原孝俊, LABIO21, 71, 16-17, 2018

2) 参考資料と Web サイト

①実験動物の管理と使用に関する指針：ILAR, Guide, 1985, 鍵山直子訳
（絶版につき以下 URL にて訳本の PDF 入手可能）
http://dels.nas.edu/resources/static-assets/ilar/miscellaneous/
Guide1985.pdf

②Russell W & Burch R. The principles of humane experimental
technique. Chapter 4. The source, incidence, and removal
of inhumanity. The removal of inhumanity: The 3R's 1957.
（Russell と Burch の 3Rs）（http://altweb.jhsph.edu）

③CIOMS involving animals 1985.（Council for International
Organizations of Medical Sciences ）WHO. International
guiding principals for biomedical research （CIOMS の医学生物
学領域の動物実験に関する国際原則（1985））
（翻訳）
http://www.med.akita-u.ac.jp/~doubutu/regulation/CIOMS-J.
html

④ILAR（Institute for Laboratory Animal Research）-NRC National
Research council. Guide for the care and use of laboratory
animals（7th edition）.National Academy Press. 1996.（邦訳　鍵
山直子、野村達次監訳，実験動物の管理と使用に関する指針，ソフトサ
イエンス社，1997）

⑤SCAW（Scientists Center for Animal Welfare）. Categories of
biomedical experiments based on increasing ethical concerns
for non-human species. 1987.
http://www.kokudoukyou.org/index.php?page=siryou_
index#p2
（解説　国立大学実験動物協議会，動物実験の苦痛分類に関する解説，
2004.）
http://www.med.akita-u.ac.jp/~doubutu/
kokudou/rinri/pain.pdf

⑥ Flecknell P. Laboratory animal anaesthesia
（2nd ed）. Academic Press. 1996
（邦訳）　倉林讓監修，ラボラトリーアニマルの
麻酔　－げっ歯類・犬・猫・大動物—，学窓社，
1998

⑦ U.S. National Research Council Occupational Health and Safety in the Care and Use of Research animals.1997.（邦訳）日本実験動物環境研究会編 （黒澤努・佐藤浩監訳），実験動物の管理と使用に関する労働安全衛生指針，アドスリー，2002

⑧ Humane Endpoints for Animals Used in Biomedical Research and Testing.（邦訳） 中井伸子，動物実験における人道的エンドポイント，アドスリー，2006

⑨ アニマルマネジメント─動物管理・実験技術と最新ガイドラインの運用，大和田一雄監修，笠井一弘著，アドスリー，2007

⑩ 実験動物施設の建築および設備，日本建築学会編，アドスリー，2007

⑪ 遺伝子改変マウス作出における洗練（refinement）および削減（reduction）（翻訳）
久原孝俊・久原美智子，アドスリー，2007

⑫ The 2000 Report of the AVMA Panel on Euthanasia.
http://www.njfishandwildlife.com/pdf/bear/policy_lit/cbbmp_euthanasia_avma.pdf
（邦訳） 鈴木真・黒沢努，米国獣医学会：安楽死に関する研究会報告2000
https://www.jstage.jst.go.jp/article/jvma1951/58/5/58_5_301/_article/-char/ja/

⑬ Ethics of Animal Investigation. 1989. CCAC（Canadian Council on Animal Care）
https://www.ccac.ca/en/training/modules/core-stream/ethics-in-animal-experimentation.html
（邦訳） 倫理的な動物実験
http://www.med.akita-u.ac.jp/~doubutu/kokudou/rinri/CCAC.html

⑭ Appropriate Animal Numbers in Biomedical Research in Light of Animal Welfare Considerations
（邦訳）動物福祉の観点から見た生物医学研究における適正な動物数
http://www.med.akita-u.ac.jp/~doubutu/IACUC/appropriate.html

⑮ Program description. AAALAC International
https://www.aaalac.org/programdesc/index.cfm

（邦訳）池田卓也・小澤和典・高木啓・笠井一弘，動物の管理と使用プログラムに関する報告書作成の手引き，実験動物と環境　14（1）1-27，2006

⑯ The Assessment and Control of the Severity of Scientific Procedures on Laboratory Animals : Report of the Laboratory Animal Science Association

（邦訳）実験動物に施される科学的処置の痛苦の評価とコントロール，英国実験動物学会「痛苦の評価とコントロール」調査委員会報告書．海外技術情報特集 No.3.　日本実験動物協会

⑰ Responsibilities of Investigators. NewZeland Government. Code of Recommendations and minimum Standards for the Care and Use of Animals for Scientific Purposes.

（邦訳）研究者の責任　ニュージーランド

http://www.med.akita-u.ac.jp/~doubutu/kokudou/rinri/MAF-J.html

⑱国立大学法人動物実験施設協議会　機関内規程案（MS-Word 版）

http://www.asahikawa-med.ac.jp/animal/shisetukiyougikai.html

⑲NIH 建築デザイン政策と指針（1）翻訳資料　実験動物と環境15（2），137-180，2007

編集：日本実験動物環境研究会

⑳図解 3 分以内に話はまとめなさい―すぐ身につく！デキる人になる「話し方」のツボ，高橋伸夫監修，かんき出版，p 80, 2005

⑲秋田大学バイオサイエンス教育・研究センター，動物実験部門 Web サイト

http://www.med.akita-u.ac.jp/~doubutu/animal/index.html

以下秋田大学バイオサイエンス教育・研究センター動物実験部門 Web サイトより

●動物実験委員会

　○動物実験の適正な実施に向けたガイドライン（日本学術会議 平成18年6月1日）

　○ Consensus Recommendations on Effective Institutional Animal Care and Use Committees（SCAW）

　○ A comprehensive resource of online information for : Institutional Animal Care and Use Committee

　○ Institutional Animal Care and Use Committee Guidebook

　○ Institutional Animal Care and Use Committees : Who Should Serve ? (IACUC)

○研究機関における動物実験委員会の役割（日本実験動物医学会教育セミナー
　2001 年 5月）
○ Veterinarians In Research Labs Address Conflicting Agendas（THE
　SCIENTIST）

●研究者の責任
○ Proposed Guidelines for scientific journals publishing papers
　involving the use of laboratory animals（FRAME）
○ ETHICS OF ANIMAL INVESTIGATION（CCAC）
○ Responsibilities of Investigators（MAF）

●苦痛のコントロール
○動物実験処置の苦痛分類に関する解説（国立大学動物実験施設協議会）
○ Link of Web sites on Pain and distress（ALT Web）
○ SCAW's Pain, Distress and Stress in Research Animals（2000）
○実験動物に施される科学的処置の痛苦の評価とコントロール（海外技術特集
　No.3）　日本実験動物協会
○特集：動物とヒトにおける痛み（海外技術特集　No. 8）
○実験動物における痛みの判定
○小型実験動物の苦痛のコントロール（日動協海外技術情報 No45）
○諸外国の「動物実験における実験処置の分類」
　□米国における pain and distress categories の現状
　　◇ Definition of Pain and Distress and Reporting Requirements for
　　　Laboratory Animals: Proceedings of the Workshop Held June 22,
　　　2000, Committee on Regulatory Issues in Animal Care and Use,
　　　National Research Council
　　◇ Recognition and Alleviation of Pain and Distress in Laboratory
　　　Animals（1992）
　　◇ Categories of Biomedical Experiments Based on Increasing
　　　Ethical Concerns for Non-human Species
　　　（Laboratory Animal Science. Special Issue : 11-13, 1987 による）
　　◇ Categories of Manipulation in University of Arizona
　　□ Categories of Invasiveness in Animal Experiments
　　　（CCAC Guide to the Care and Use of Experimental Animals, 1993）

☐ Categories of Biomedical Experiments Based on Increasing Ethical Concerns for Non-human Species（New Zealand）

☐ Swedish Classification of Research Experiments

☐イギリス、オランダ、ドイツ、スイス、フィンランド、オーストラリアの分類

●給餌、給水制限

○麻酔前の絶食・絶水について

○ Water and Food Restriction for Scientific Purposes（Home Office Guidance Note）

●人道的エンドポイント

○腫瘍実験における動物の福祉に関する英国癌研究調整委員会（UKCCCR）指針

○ Humane Endpoints in Animal Experiments for Biomedical Research（Laboratory Animal）

○ Humane Endpoints for Animals Used in Biomedical Research and Testing（Published in ILAR Journal Vol. 41（2）-- 2000, pp 87-93）

●安楽死法

○実験動物の飼養及び保管等に関する基準の解説より

○動物の殺処分方法に関する指針（平成19年11月12日 環境省告示第105号）

○日動協の実験動物の安楽死に関する指針（平成7年8月1日制定）

○ 2000 Report of the AVMA Panel on Euthanasia
（日本語訳：日本獣医師会雑誌 I, II, III, IV, V, VI, VII, VIII）

○ Recommendations for euthanasia of experimental animals:
Part1（Laboratory Animals（1996）30,293-316）
Part2（Laboratory Animals（1997）31,1-32）

○ Recommended Methods of Euthanasia for Laboratory Animals（University of Chicago）

○ Euthanasia（CCAC, Guide Vol. 1（2nd Ed.）1993）

●遺伝子組換え動物

○ CCAC guidelines on transgenic animals, 1997

○ Refinement and reduction in production of genetically modified mice（Laboratory Animals Vol. 37, No. 3 Supplement 2003 July）

● その他

○ 動物福祉の観点からみた生物医学研究における適正な動物数

○ ヨーロッパ会議のガイドラインに沿った動物ケージの改良（日動協海外技術情報 No14）

○ 動物のケージ飼育：大きいことは本当に良いことなのか？（日動協海外技術情報 No16）

○ Commission recommendation 2007/526/EC on revised guidelines for the accommodation and care of animals used for experimental and other scientific purpose（2007/526/EC）

第 3 部

動物実験における動物の観察

こんなマウスを見つけたらどうしますか！
〈飼育管理の場〉
- 対処しなければならない病気？
- 貴重な疾患モデルの発見？
- 連絡はどこに？
〈動物実験の場〉
- 実験に支障はない？
- 人道的エンドポイントの症状？

1. 動物の観察は動物実験の基本

　実験動物の飼育管理に当たって、動物の健康状態を観察し適正に対応できることは、動物実験成績の重大な変動要因を発見して影響を少なくする上で、プロの実験動物技術者にとっての修得必須事項である。一方、実験実施者にとって、動物の習性・行動を観察できることは、動物実験を科学的に実施するため、また、苦痛軽減の観点からも必要な技能である。最近、実験動物飼育管理や動物実験の場で"まるごとの動物を見られる人が少なくなった"といわれている。動物を用いて行う研究は、まずはその動物を正しく認識することから始まるという基本があり、「状態を見る」ことの大切さが指摘されている。動物福祉の観点からも再認識が求められる。

　1970 年代以降、動物実験関連業務の細分化、分業化が進み、電話一本で実験動物が購入でき、誰かが飼育管理をやってくれ、臓器や組織すら誰かが用意（購入可能）してくれて、研究者は酵素や核酸を抽出して *in vitro* の研究に専念すればよいといった体系ができあがっている。加えて研究の合理化、経費節減から実験そのものを外部に委託することも一般的になってきた。このことは近年研究が盛んに行われるようになった遺伝子改変動物の作製についても同様である。その弊害として実験動物と接触する機会が減り、動物の特徴がわからなくなり、したがって動物の異常も発見できなくなってきている。

　現代は生命に関するいろいろなことが分子レベルで解析され、ナノテクノロジーといった原子レベルの研究も進んでいる時代である。それはそれで、生命現象の一端を理詰めで解釈できる有用な手段となるが、分子レベルでの知識が必ずしも「まるごとの動物の演出型」を単純に組み立てているとは限らない。

どのような理論も最終的にはまるごとの生命体レベルで検証されたのち、人に応用される必要がある。

　このようなことから、動物に接する時間がもっとも多い実験動物技術者にとって、まるごとの動物の症状観察や行動観察は、基本的に大切な知識・技術であり、プロの技術者としての腕の見せ所である。

　一方、動物実験を行う実験実施者にとっても、動物の症状観察は、実験データ収集のための重要な基本的技能である。さらに、実験動物福祉の観点から積極的に考慮すべき"人道的エンドポイント"（第2部、p.95～99参照）適用の場合、動物の状態観察は実験実施者にとって無視することのできない重要なものとなっている。

2. 観察の目的

　実験動物の異常を発見することにより、動物実験成績に影響を与える要因を見つけ、適切な対応をすることで、影響をできるだけ少なくすることを目的とする。

　異常は、表 3-1 に示すようにさまざまな原因によって起こり、実験成績に影響を与えるだけでなく動物にとっては不快、苦痛となる。飼育中、実験中にこのような状態が観察されたとき、原因により適切な対応をとることが求められる。

表 3-1　実験動物の変化と原因

種類	原因		
・微生物学的	感染性	人・動物共通感染病 動物特有（種特異）感染症	
	非感染性	日和見感染 二次感染	放射線、X線 ステロイド系薬物 ⎫→実験処置の連絡必要 免疫力低下処置 体力低下(幼弱・老齢・疾病)
・遺伝的	遺伝素因（代謝・奇形）、遺伝子組換え		
・自然発生(加齢)	腫瘍、生理値異常		
・物理学的	温度・湿度異常、換気、照明 実験装置（手術他）→実験処置の連絡必要		
・化学的	有害汚染物質（水・飼料・床敷） 化学物質の投与→投与薬剤の危険性連絡必要		
・栄養学的	栄養失調、実験操作（絶食、断水）		
・取扱い	飼育設備や取扱いミス 保定不備、長期拘束、不適当な実験操作・機器		

（1）内因的異常発見のメリット

1）奇形や代謝異常が発見できる
2）加齢による変化を発見できる
3）突然変異および組換え遺伝子の表現型を確認・発見することができる

（2）外因的異常発見のメリット

1）動物実験成績に影響を与えるさまざまな異常を発見し対処できる
＜外因的異常原因＞
　　物理・化学的環境要因（温度・湿度・光・栄養・アンモニア・消毒剤など）、空調機の故障や予期しない事故、振動、30℃を越すような高温、不規則な照明時間、輸送によるストレス、事故、外傷、病原微生物、不適切な飼育管理や実験処置
2）感染症を発見でき対処できる
3）実験処置の影響を発見できる。人道的エンドポイントの判断ができる

> 異常を見つけたら、処分する前に原因を究明することが大切である。
> もしかしたら有用な、疾患モデル動物となるかもしれない！

3. 観察のポイント

　一つの現象に眼をうばわれないで、順序立ててまんべんなく観察しなければならない。ぱっと目に付く異常があると、そればかり気になって他の異常に気づかなかったり、そこで調べるのを止めてしまったりすることがある。とにかく身体中を見るべきである。さらに、周囲の動物も観察して同じような異常が認められないか観察する。

(1) 見る、聞く、嗅ぐ、さわる、はかる
1)"見る"ことで何がわかる
　何を見るかは、表3-2の各々の項目および観察時に注意する点を参考に順序立てて見ていく。見るためには"適当な明るさ"と"目を近付けて見ること"が必要である。
　動物を観察した結果は、誰にでもわかるように部位名、症状などを記録として残すことが大切である。記録する場合は左右もわかるように記載する。

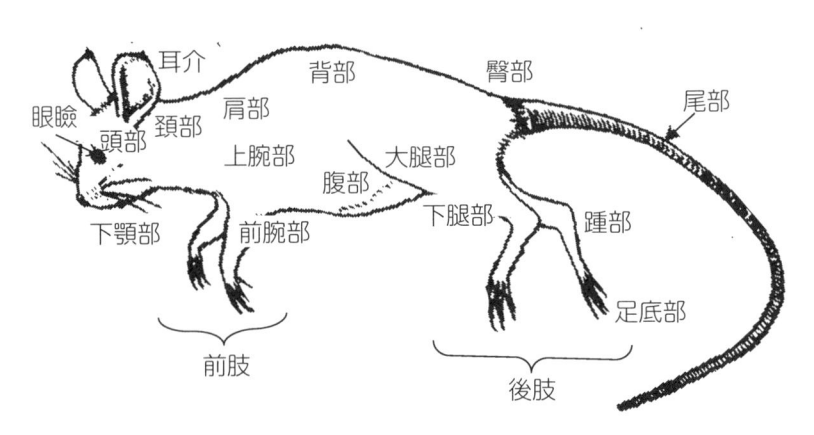

図 3-1　マウスの各部の名称

表 3-2　実験動物の状態観察項目

項目			観察時に注意する点
床敷の汚れ		糞によるものか	給水漏れ、実験処置、被毛汚れ、肛門周囲汚れ
		血液によるものか	雄の闘争、外傷、実験処置の有無
動作	反射	過敏反射	系統、週齢、神経症状
		攻撃的動作	雄同士の飼育か、単独飼育か、実験処置の有無／痛み
		発作的走行	神経症状
		震え	神経症状、実験処置の有無／痛み
	異常行動	旋回	斜頚旋回、眼、実験処置の有無、神経症状、中耳炎
		引っかく	皮膚炎、外部寄生虫、系統、脱毛部位
		くしゃみ	痩せていないか、被毛(立毛、汚れ)
		動作緩慢	痩せていないか、太っていないか、被毛、実験処置の有無
		うずくまる、衰弱	痩せていないか、立毛、体温低下は、反射異常の有無
		麻痺	痩せていないか、立毛、体温低下は、実験処置の有無
体型	背部	脊椎突出 発育不良 痩せ 肥満	程度、湾曲強い、両側陥没 系統、月齢
	腹部	腹部膨満	系統、実験処置(腫瘍接種)、被毛
		妊娠	雌、週齢
皮膚		外傷、出血 四肢、尾	痩せ、蒼白、乾燥
		発赤 痂皮(かさぶた) 腫瘤 潰瘍 壊死 腫瘍	大きさ、色 形状、位置、実験処置の有無
被毛		汗	温度、湿度、換気異常
		油毛	日齢、肛門の汚れ、床敷の汚れ、下痢
		粗毛、立毛	雄、動作、痩せていないか、皮膚、実験処置の有無
		脱毛 貧毛 被毛段差	大きさ、色、形状、位置、系統
眼		眼瞼閉鎖	実験処置の有無
		眼球白濁	系統、実験処置の有無
		眼球突出	系統、実験処置の有無
		紅涙	ラットか、輸送の影響、頚部の腫れは

症状に関する用語の解説は p.232 〜 264 を参照

眼で見る項目は、人道的エンドポイントの判断にも重要な項目である。

2）"聞く"…何を聞くか

呼吸器病があるとマウスやラットのような動物からネ
コ、イヌ、サルまで鼻から気管の間でさまざまな音を出す。
多数の動物が罹患していると、飼育室全体に独特なざわ
めきが感じられる。1匹だけなら、耳を動物の鼻に近づけると鼻音が聞こ
える（マウスの場合慎重に聞かないと聞き取りにくい）。ウサギ以上の大
きさの動物は腸の蠕動運動亢進によるグルグル音が聞こえることがある。

3）"嗅ぐ"で何がわかる

臭いも役に立つ。とくに下痢の臭いで原因の検討がつくことがある。下
痢だけでなく、病気の動物はさまざまな臭いを発するものであり、飼育室
の臭いがいつもと違っていたら、いつもより強かったら、何か異常がある
と考え、飼育室内を調べる。

4）"さわる"といろいろなことがわかる

四肢の触診で骨折や四肢の痛み、胸部触診で心臓および肺の異常、腹部
触診で消化器の異常、肝臓腫大、膀胱結石などを知ることができるかもし
れない。大きな動物種では有効である。

5）動物の入荷時あるいは定期的に体重を"はかる"と異常がわかる

体重増加の抑制、体重減少、体重のバラツキなどが指標になる。

以上の"見る／聞く／嗅ぐ／さわる／はかる"までをすべての動物につ
いて常に行うのは難しい。とくにマウス、ラットのような小動物では難し
い。毎日動物の様子を見て"勘"を働かせることが大切。

6) 観察の実際

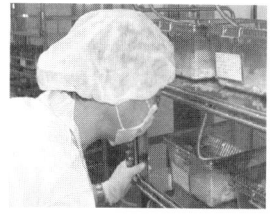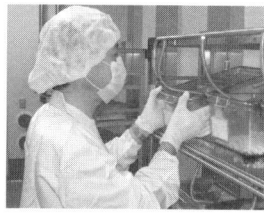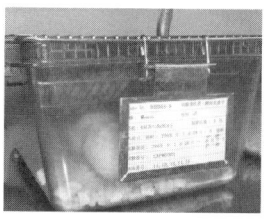

図 3-2　ケージの外からの観察
ケージ交換のない時の観察ではケージ内の動物の観察は難しい。

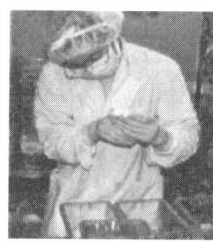

図 3-3　ケージ交換時の観察
ケージ交換時には、すぐに動物を移すのではなく、ケージ内の床敷の状態、動物の行動・姿勢などを観察後、動物を手にとって注意深く観察する。

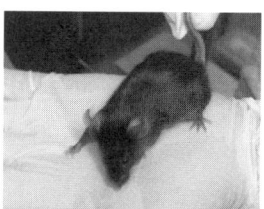

顔面・頚・背部の観察　　　肛門周囲・腹部の観察
図 3-4　動物を手にとっての観察

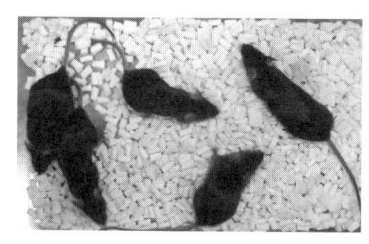

図 3-5　ケージ内動物の行動の観察
ケージ内に動物が多くいると観察しにくい。

　飼育管理技術者として日常とくに注意しなくてはならないポイントは、伝染性の感染症にかかわる異常の発見である。重大な伝染性疾患の多くは呼吸器と消化器の感染症である。したがって日常の観察では、表3-3の中の呼吸器と消化器に関する症状を重点的に観察するのが効率的である。

表3-3　症状から類推される異常器官系

異常器官	呼吸器	循環器	消化器	泌尿生殖器	脳神経	皮膚、運動器	その他	末期症状 原因を問わず
動作 (行動)	うずくまる、集団から離脱、斜頸	*	うずくまる、食べこぼし	*	うずくまる、過敏反転、振せん、跛行	跛行	*	うずくまる、集団から離脱
全身状態	呼吸困難、あえぐ、鼻音、咳	呼吸困難、浮腫	削痩、嘔吐	浮腫	*	*	*	呼吸困難
体温	発熱	*	発熱	*	*	*	*	低体温
体表	立毛	*	汚れ、立毛	*	*	脱毛、痂皮、糜爛、発疹、膨張	発疹(サル類)	立毛
可視粘膜	*	暗赤色	*	*	*	*	口唇、口腔、舌の水泡、潰瘍(サル)	暗赤色、蒼白
眼・耳・歯	目脂	*	*	*	*	外耳道の汚れ (ウサギ、ネコ)	不正咬合	*
鼻孔周辺	鼻汁排出、鼻鏡乾燥、くしゃみ	*	口臭 (イヌ、ネコ)	*	*	*	*	鼻鏡乾燥
肛門・外陰部	*	*	汚れ 水便様、	汚れ、精巣腫大 (イヌ)	*	*	*	汚れ
糞便・尿	*	*	下痢、血便	*	*	*	*	*

＊：著変認めず

原図作成：鍵山直子氏

　上の表3-3は、感染症にかかわる異常をまとめたものである。しかし、多くの場合、異常器官の影響、とくに循環器系、消化器系の影響は、中枢である脳神経系に作用する。その結果として、種々の行動異常が現れる。日常動物に接する機会の多い飼育管理技術者は正常動物の行動を把握しているので、小さな行動の変化を見つけるチャンスが多い。このようなことを意識して作業に取り組む姿勢が求められる。

(2) 飼育管理および実験処置による環境の変化と観察のポイント

表 3-4　変化の原因と症状など

飼育管理	
餌付け忘れ	体重減少、立毛、衰弱
給水先管・ノズル不良または付け忘れ	摂餌量減少、体重減少、立毛、衰弱、死亡
不適切な飼料給餌、栄養失調	発育不良、貧毛、脱毛、皮膚炎、皮膚潰瘍、運動失調、筋肉麻痺、流産、繁殖率低下
高温・高湿	発汗、行動抑制、腹臥、死亡
低湿度(20%以下)	リングテール(とくに金網ケージで多発)
高アンモニア濃度	呼吸器症状、結膜炎
低音、高換気	立毛、摂餌量増加
高照度	網膜症による行動異常(アルビノラット)
騒音	繁殖率低下、DBA系、EL系マウスで死亡例
実験処置	
手術	麻酔による低体温、水分喪失による衰弱 感染による化膿、発熱、痛みによる行動異常
薬物処置	自発運動低下、体重減少、体温低下、横臥、死亡

　このように動物の示す外観の変化は、必ずしも感染症によるものとは限らない。

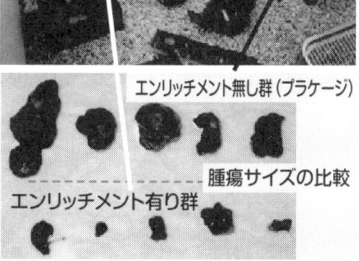

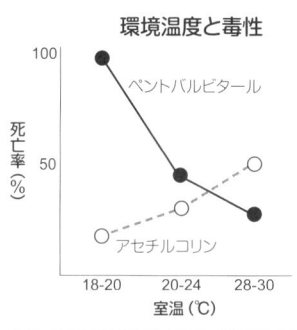

実験動物の環境と管理山内忠平　P28表2-7改変

Cell, 2010, Jul.vol. 142P. 52-64　改変

図 3-6　動物実験の結果は、環境によって変化する

(3) 痛み症状の観察のポイント

　動物が痛みを感じているときの表現には次の表のようなものがあることも知っておこう。

表3-5　急性痛の表現

防御	処置部を守ろうとしたり、逃げようとしたり、取扱者に噛み付こうとする
鳴く	動いたり、触られたとき
自損行為	なめる、自身の体の一部を噛む、引っかく、頭を振る
動き回る	休みなく歩き回る、横になったり起き上がったりを繰り返す、体重をかける足をたえず換える
横たわる	長く横になる、動くのを嫌がる、起き上がることが困難
異常姿勢	頭を下げている、腹部に頭を巻きつける

表3-6　慢性痛および病気のときの表現

> ・体の一部をなめたり引っかいたりする、跛行または足を引きする
> ・立ったり動いたりすることを嫌う、食欲の減退
> ・目やになどの分泌物の付着——毛づくろいをしなくなるため、糞便や尿の排泄の仕方の変化
> ・取扱者に対する態度の変化

　外科処置に対する痛みの感じ方は動物種によって異なり、マウスやラットでは表現をつかみにくいので慎重に観察し、正常時の行動・姿勢と比較する。実験ではたいてい無処置のコントロール群がいるので、その動物と比較することも有用である。

表3-7　外科処置および術後の痛みと表現

眼や耳の手術	不快感からこすったり引っかいたりする。耳に痛みがある場合は頭を傾けたり、頭を振ったり四肢で耳をこすったりする
断肢術	広範囲にわたる筋肉の外傷によって強い痛みがある
頚部の手術	強い痛みがあり、頭や首の異常な姿勢をとる
胸腔内の手術	胸骨側からのアプローチでは強い痛みがある。側方からのアプローチでは、それほど痛みはなく、処置後動物は迅速に歩き回り、苦痛を感じている様子もない
腹部の手術	明らかな痛みはなく、動物は処置後迅速に歩き回る 広範囲にわたる手術の場合は、背を外側に弓なりに曲げたり、腹部を引っ込めたり、腹部を守ろうとする姿勢で痛みを表現する

　　表3-5 〜 7：秋田大学バイオサイエンス教育・研究センター動物実験部門(http://www.med.akita-u.ac.jp/~doubutu/IACUC/pain.html) の図を改変
　　原著：Laboratory Animal Science. 37(Special Issue)71-74,1987

（4）実験動物の主な感染症

表 3-8　症状観察のポイント

病原体名	カテゴリー	マウス	ラット	ハムスター	モルモット	ウサギ	観察のポイント
センダイウイルス Sendai virus (HVJ)	B	○	○	○	○	○	異常呼吸音、立毛、削痩、体重減少 ハムスター・ウサギ・モルモットでは、所見はほとんど認められない。
唾液腺涙腺炎ウイルス Sialodacryoadenitis virus (SDAV)	B		○				眼瞼および鼻孔周囲の紅涙、鼻汁による汚れ、眼球が腫大し突出する動物が見られる。唾液腺の腫脹が感染後2〜7日目に見られ嚥下困難による餌の食べこぼしが多くなる。体重減少も見られる。
マウス肝炎ウイルス Mouse hepatitis virus (MHV)	B	○					所見はほとんど認められない。免疫不全動物では、死亡率高い。
エクトロメリアウイルス Ectromelia virus	B	○					急性:立毛、不活発、死亡 亜急性および慢性:皮膚発疹、四肢および尾の壊死および脱落が認められる。
サルモネラ属菌 *Salmonella spp.* 【人獣共通感染症】	A	○	○	○	○	○	立毛、軟便、下痢、体重減少など。
肺マイコプラズマ *Mycoplasma pulmonis*	B	○					異常呼吸音、呼吸困難、立毛、体重減少、まれに斜頸、旋回あるいは回転運動が見られる。
ティザー菌 *Clostridium piliforme*	C	○	○	○	○	○	所見はほとんど認められない。下痢が認められる場合もある（実験処置によるストレスなど）。
腸粘膜肥厚症菌 *Citrobacter rodentium*	B	○					水溶性下痢、被毛削剛、被毛が排泄物で汚れる。発症個体の多くは2〜5日で死亡。

カテゴリー　A:ヒトにも感染、B:伝染力 / 病原性強い、実験への影響大、C:伝染力強、病原性弱
　　　　　　D:伝染力弱、病原性弱、E:病原性なし

病原体名	カテゴリー	マウス	ラット	ハムスター	モルモット	ウサギ	観察のポイント
ネズミコリネ菌 *Corynebacterium kutscheri*	C	○	○				所見はほとんど認められない。ごく一部の動物で被毛粗剛、不活発、皮膚・尾に化膿巣
気管支肺血症菌 *Bordetella bronchiseptica*	C		○		○	○	体重減少、立毛、くしゃみ
肺炎球菌 *Streptococcus pneumoniae*	C		○			○	所見はほとんど認められない。発症した場合は、鼻孔周囲の汚れ、目やに、立毛、削痩が見られる。
パスツレラ *Pasteurella multocida*	C					○	スナッフル、鼻汁、呼吸困難
溶血連鎖球菌 *Streptococcus zooepidemicus*	C				○		急性型：集団発生し、膿性鼻汁や目やにを出し数日で肺血症死 慢性型：体重減少、結膜炎、表在リンパ節（とくに頸部）が小豆〜クルミ大に腫脹し、化膿は破れて排泄され、死亡することはない。
コクシジウム *Eimeria spp.*	C				○	○	肝臓型：*Eimeria stiedai* 腸管型：*Eimeria intestinalis* 死亡率が高い 下痢 *Eimeria caviae* 食欲不振、体重減少、下痢など
緑膿菌 *Pseudomonas aeruginosa*	D	○	○	○	○	○	所見はほとんど認められない。まれにマウスに中耳炎を起こし、旋回症状を呈させることがある。
黄色ブドウ球菌 *Staphylococcus aureus*	D	○	○	○	○	○	所見はほとんど認められない。闘争などによる咬傷後の皮膚炎や膿瘍などが散見 ヌードマウスに結膜炎による失明や皮下膿瘍形成

浅田義人氏作成原図を改変

カテゴリー　A：ヒトにも感染、B：伝染力／病原性強い、実験への影響大、C：伝染力強、病原性弱
D：伝染力弱、病原性弱、E：病原性なし

　感染症における観察のポイントは表 3-8 で示したとおりであるが、動物個体ごとの週齢、栄養状態、病原菌に対する抵抗性、また、感染した菌量などによって、動物の示す症状には差が出るので異常の判断には注意がいる。個体に異常が見られたら、観察のポイントで示された症状を見てすぐに特定の疾患と判断してはいけない。異常は単一の原因によるものとは限らず、複合している場合が多いからである。周囲の動物と比較することも大切である。また、空調など環境条件に異常がないかも確認する。感染症が疑われる場合は、血清診断や、細菌検査を行って確定診断をする必要がある。

(5) マウス・ラットの感染症

　表 3-9 に最近国内で発生が報告されたマウス・ラットの感染症を示す。実験動物技術者は、このように国内での実験動物の感染症はなくなっていない事実を認識している必要がある。

表 3-9　最近国内で発生が報告された実験動物の感染症

リンパ性脈絡髄膜炎：
　国内研究所で外国より導入して維持していたマウスが陽性反応
マウス肝炎：
　遺伝子組換え動物の授受に伴い主に大学施設で発生
パラインフルエンザⅢ型：
　大手ブリーダーのマウスに発生、人の流行によりマウスへ感染するので感染防御困難
黄色ブドウ球菌感染病：大手ブリーダーのヌードマウスに発生
肺マイコプラズマ病：大手ブリーダーのラットに感染
気管支敗血症菌病：大手ブリーダーのラットに感染
ネズミコリネ菌感染病：大手ブリーダーのラットに発生
HVJ（センダイウイルス病）：動物施設でしばしば発生
ネズミ盲腸蟯虫感染病：動物施設でしばしば発生

表3-10 マウス飼育施設での指定病原体の候補

病原体	特徴	カテゴリー	国内での発生頻度
*Mouse hepatitis virus マウス肝炎ウイルス	哺乳マウス、免疫不全マウスに致死的	B	★★★
*Sendai virus (HVJ) センダイウイルス	肺炎、一般的に不顕性	B	★★★
Ectromelia virus エクトロメリアウイル	急性致死的、不顕性感染もある	B	
Lymphocytic choriomeningitis virus リンパ球脈絡髄膜炎ウイルス	免疫、中枢神経に影響	A	
Mouse rotavirus (EDIMV) マウスロタウイルス	哺乳マウス下痢	B/C	★★
Mouse parvovirus (MVM/MVP) マウスパルボウイルス	臨床症状からの診断は不可能	C	★★
Pneumonia virus of mice (PVM) マウス肺炎ウイルス	不顕性	C	★★
Mouse adenovirus マウスアデノウイルス	哺乳マウス、免疫不全マウスに致死的	C	★
Reovirus type3 レオウイルス3型	不顕性、消化管、免疫実験に影響	C	★
Lactose dehydrogenase alevating virus 乳酸脱水素酵素ウイルス	不顕性、酵素活性上昇	C	★★
*Mycoplasma pulmonis マイコプラズマ	肺炎、一般に不顕性、重複感染に注意	B	★★★
Salmonella spp. サルモネラ属菌	下痢、発熱	A	★
*Clostridium piliforme (Tyzeer's organism) ティザー菌	不顕性、発熱、下痢	C	★★
Corynebacterium Kutschri ネズミコリネ菌	不顕性、免疫抑制剤で顕性、慢性で可能性病変	C	★★
Pasteurella pneumotropica 肺パスツレラ菌	不顕性	C	★★★
Cilia-associated respiratory(CAR)bacillus CARバチルス (菌)	呼吸困難、重複感染で死亡増加	C	★★
Escherichia coli o115a,c,K(B) 病原性大腸菌	下痢	B/C	★

Helicobacter hepaticus ヘリコバクター属菌	不顕性、肝に壊死斑	C	★★
Pseudomonas aeruginosa 緑膿菌	不顕性、日和見菌	D/E	★★★
*Staphylococcus aureus*** ブドウ球菌	ヌードマウスで化膿	D/E	★★★
Pneumocystis carinii カリニ肺炎	免疫不全で顕性	D	★★
Pathogenic protozoa: 病原性原虫 *Giardia muris* *Spironucleus muris*		C C	★★ ★★
Nonpathogenic protozoa: 非病原性原虫 Trichomonads etc.		E	★★★
Helminths(pinworms) 線虫		D	★★★

実験動物感染病の対応マニュアル (アドスリー, 2000) 資料1-2を改変

カテゴリー　A：ヒトにも感染、B：伝染力／病原性強い、実験への影響大、C：伝染力強、病原性弱
　　　　　　D：伝染力弱、病原性弱、E：病原性なし
発生頻度　　★：発生わずか、★★：ときどきあり、★★★：頻繁にあり、無印：まったくなし
＊：この項目は ELISA キットにより自家検査も可能である。＊＊：免疫不全マウスのみ対象

　動物実験施設で飼育・実験される動物の微生物コントロールを行うためには、動物種ごとに病原体をコントロールの対象とするかをあらかじめ決めておかなければならない。

　病原性、国内での発生頻度、動物実験施設で行われる実験の内容から定める。やたらに対象微生物数を多くすることは、微生物モニタリングの手間と経費が増すばかりである。

　微生物モニタリングは、PCR、ELISA、血清検査、培養などにより項目を決めて定期的に実施する。

　疾病管理のためには、微生物モニタリングに加えて疾病発生の情報収集も重要である。

4. 症状と用語の解説

　使用している写真および説明は、それぞれの一般状態の特徴を示しているが、状態には軽度から中等度、重度と幅があるので、実際の場合は一様でないことに注意する。

　また、動物の現す症状は、一つではなく複合していることが多いこと、現れた症状あるいは行動異常は一過性のものもあることに留意して、異常の原因究明のために念入りに、経時的に観察することが肝要である。

(1) ケージ内の状況

　動物を取り出す前の観察は、動物健康状態の把握、技術者の危害防止上重要である。

1) 状態
●死

　臨床的には心拍動の停止あるいは呼吸停止をもって死とみなす。

　死亡状況は、発見時死亡していた、カニバリズム（共食い）、瀕死時の安楽死処分、計画的安楽死処分によるものがある。死亡例では、死後変化、自己融解について記録する。

●瀕死

　自発運動が停止し、呼吸や脈拍の異常、痩せ、脱水症状、貧血あるいは体温低下を呈することが多い。また横臥位、伏臥位などの姿勢をとり、音などの外部からの刺激への反応が低下している状態。

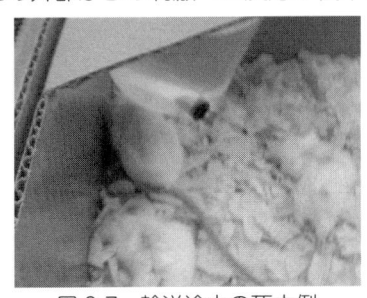

図 3-7　輸送途中の死亡例

図 3-8　瀕死状態のマウス
写真提供：
ICLAS モニタリングセンター

> 人道的エンドポイントは、瀕死状態以前に設定すべきである。

●衰弱

　自発運動の低下が認められ、外的刺激に対する反応は鈍くなり、皮膚色はおおむね退色し、呼吸数、心拍数なども変化している状態を指し、通常痩せていることが多い。

2)　**糞（便）** …消化器の状態を知る重要な観察項目である

●下痢

①状態：便の水分量が多くなり液状、または粥状の便を繰り返し排泄する状態

②原因：腸管における水の分泌あるいは吸収の減少
　　細菌性、ウイルス性、寄生虫性等による炎症、腸管障害

③観察のポイント：
　　肛門周囲の床敷、ケージの汚れ、行動（うずくまる、肛門付近を気にする）

●軟便

①状態：水分の多い軟状便を排泄している状態

②原因：腸運動の異常、細菌性、ウイルス性、寄生虫性等による炎症、腸管障害

③観察のポイント：
　　肛門周囲の汚れ観察、床敷、ケージ内同居動物の汚れ

●水様便

①状態：水分の多い液状便を排泄している状態

②原因：腸運動の異常、細菌性、ウイルス性、寄生虫性など
　　による炎症、腸管障害

③観察のポイント：腹部の汚れ観察（尿による濡れと区別）

●粘液便
①状態：粘液が混じった腸内容物を排泄する状態
②原因：大腸以下の消化管の疾患
③観察のポイント：肛門周囲の汚れ観察

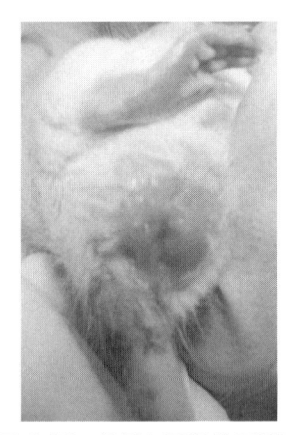

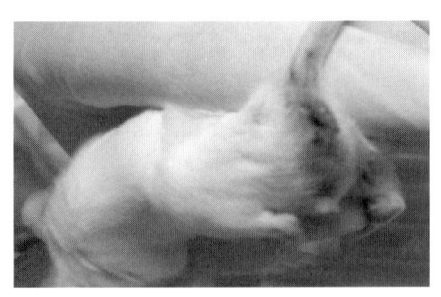

図3-9　肛門周囲の汚れ（下痢）　　図3-10　軟便と尾根部の汚れ

3) 尿

●多尿

①状態：尿の量が異常に多く、水漏れのようにケージ内が濡れている

②原因：水分代謝異常から多量の水分を摂取したとき

③観察のポイント：床敷の湿り具合の観察（通常の床敷の状態を把握しておく）

臭い

糖尿病マウスでは多尿になるものもある

腹部の被毛の汚れ

●尿量が少ない

①状態：尿の量が少ないか、排尿がない状態

②原因：水分の摂取ができない、尿路の障害による排尿障害、膀胱結石など

③観察のポイント：体重減少、衰弱などの症状を併発していないか

●血尿

①状態：異常に多数の赤血球が混入している尿

②原因：膀胱炎、結石症、外傷など

③観察のポイント：

ケージ内の汚れの観察

血色素尿（赤血球が崩壊して遊離したヘモグロビンによる着色）

との比較

血尿と思われた場合は、尿試験紙で潜血反応を確認してみる

（2）行動・姿勢

　行動については、写真での表現が難しいので、ここでは文章による説明に留めている。

> 行動、姿勢は、実験処置後の苦痛軽減、人道的エンドポイントの判断に重要な観察項目である。

<u>1）　行動</u>
●引きずり歩行
①状態：床面に四肢の一部または全部を擦って引っ張って歩く

●よろめき歩行（失調性歩行）
①状態：足どりが不安定でよろよろ歩く（麻酔からの覚醒時に見られる）

●跛行
①状態：正常でない歩行
②原因：引きずり歩行、よろめき歩行も同様、疾病の他、実験処置によるもの
　　骨、関節、筋、腱および蹄に発生する疾患
　　神経麻痺、筋肉の萎縮、血管の栓塞
　　奇形、発疹、腫脹、糜爛など
③観察のポイント：（引きずり歩行、よろめき歩行を含む）
　　行動、歩き方、体表面の観察
　　動物の正常な歩行状態の把握

●洗顔運動

①状態：マウスやラットによく見られる顔を洗っているような行動
　動物の情動性の安定を見る上での重要な指標となる。

②原因：中枢神経興奮や交感神経興奮の場合は、洗顔活動が活発になる。
　また、ラットを長期間単独飼育したときこの行動は低下する。

③観察のポイント：通常では異常ではない。回数が多ければ異常かも知れ
　ないがそのときだけ観察しても多いかどうかわからない。

●自発運動低下

　自発運動は、外部からの刺激なしに動物の内的刺激や状態によって引き
起こされる活動を言う。外見上の中枢興奮や抑制の指標となる。

①状態：外部からの刺激なしに動物の内的刺激や状態によって引き起こさ
　れる。活動の量が少なくなる。——刺激を与えない状態で他の動物と比
　較する。

②原因：さまざまな疾患、外傷、あるいは水漏れなどの事故で衰弱してい
　る場合、実験処置により衰弱している場合

③観察のポイント：
　他の動物と比較する。同じケージ内に孤立している個体は要観察
　マウス・ラットは昼間寝ていることが多い

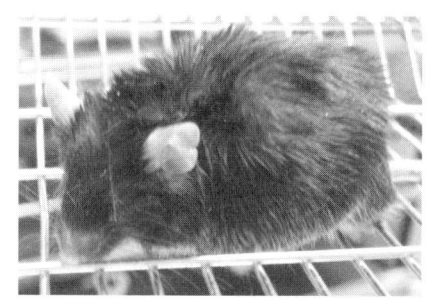

図 3-11　自発運動の低下と立毛

2)　姿勢

●腹臥位

①状態：腹部を床につけた腹ばい状態

②原因：マウス、ラットがこのような姿勢の場合、正常と異常を見分ける
　必要がある

　正常：リラックスして寝ている場合

　異常：

　　・死亡しているとき

　　・虚脱のとき（肢を伸ばし腹部を床につけた姿勢）

　　・全身の麻痺等により動けない場合

　　　→この場合ケイレンの有無を確認する

③観察のポイント：

　　・意識の有無

　　・ケイレンの有無

　　・四肢の状態（腹ばいになりほとんどひじで体を支えている状態〈は
　　　いずり姿勢〉ではないか）

●横臥位

①状態：

　　体側部を床につけた横倒れ状態

②原因：

　　・小動物では死亡、あるいはケイレン状態で見られる

　　・小動物では正常時には見られない体位である

　　・動物によっては睡眠中のものもあるので混同しない

③観察のポイント：

　　・意識の有無（外的刺激を与えてもその姿勢を崩さない）、ケイレンの
　　　有無

　　・四肢の状態

　　・左右どちらが下にあるのか記録する

●うずくまり

①状態：頭部をたらし腹部をおおうような状態

②原因：小動物の場合リラックスして寝ているときもこの姿勢をとる。うずくまりは異常とは限らないが衰弱しているときにも見られる。群飼育のとき1匹がこのような姿勢のときは注意して観察する。

③観察のポイント：

　・意識の有無　反応の確認

　・ケイレンの有無　全身のふるえがあるか

　・四肢の状態　うずくまりの場合体に密着させている

　・自発運動の減少

●円背位

①状態：四肢で立っていて背筋が湾曲して猫背のような状態

②原因：種々

③観察のポイント：

　・意識の有無

　・四肢の状態　四肢で立ち上がっているような異常か

　・自発運動の有無　ケイレンの有無

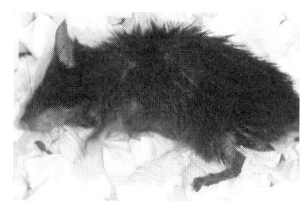

図3-12　横臥位

図3-13　うずくまり

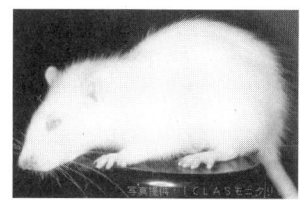

図3-14　ラットで見られたうずくまり

図3-15　HJV感染で見られた円背位

(3) 栄養状態

体重下降（目安 20%低下）は人道的
エンドポイントの評価の要素

●削痩 （やせ）

　体重が週齢、性別、体長から判断して標準体重より 10%以上少ない状態をいう。体重減少が 10%未満であれば身体機能の障害は見られないが、20 ～ 30%になると機能障害が明らかになり、40%以上に及ぶと生命維持が困難となる。

①原因：摂餌量の絶対的不足、歯・口の損傷その他のさまざまな疾患、内分泌疾患、慢性の感染症あるいは実験処置による衰弱などにより生じる。いずれの場合も皮下脂肪の減少、筋肉・皮膚組織の減量となって現れ、基礎代謝の低下が見られる。

　体重減少は、給水ビン、自動給水ノズルから水が飲めないときにも起こる。飼料が減らないときには水の出をチェックする必要がある。マウスでは影響が大きい。

●肥満

　全身的に脂肪組織量が増加し蓄積した状態で、単に体重が重いということではない。浮腫や腹水などの水分貯留、筋肉の発達による体重増加は肥満とはいわない。

①原因：95 ～ 97%は外因性肥満で、糖質、脂質による栄養過多による。内分泌異常のものには下垂体性、甲状腺機能低下症のもの、糖尿病によるものがある。

②比較：腹部膨満は皮下脂肪、腹水、腹腔内の腫瘤などにより腹部が膨らんで見えるもので、肥満とは区別する。硬い、柔らかい、波動などを観察記録する。

　また、腹部のふくらみは雌では妊娠も考えなければならない。

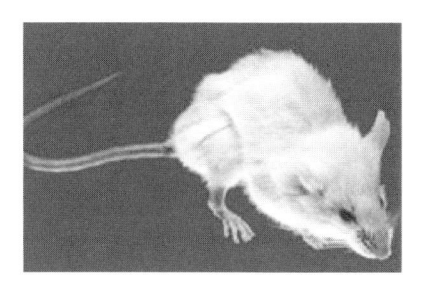

図 3-16　NOD マウスの削痩
写真提供：日本クレア（株）

図 3-17　db マウスの肥満（Ⓐ）
写真提供：日本チャールス・リバー（株）

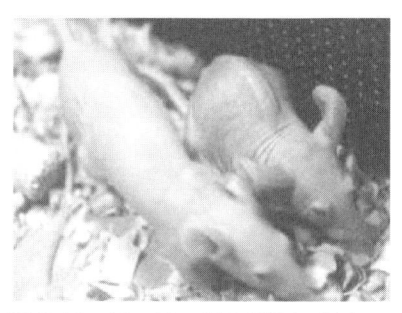

図 3-18　ヌードマウスの削痩（右）
写真提供：ICLAS モニタリングセンター

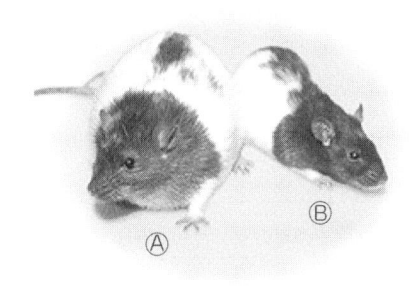

図 3-19　Zuker ラットの肥満（Ⓐ）
写真提供：日本チャールス・リバー（株）

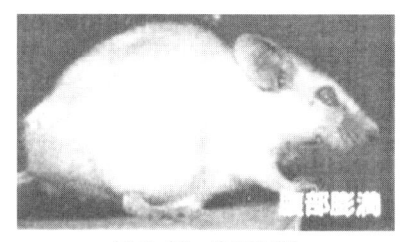

図 3-20　腹部膨満

図 3-21　妊娠による腹部のふくれ

（4）外皮・被毛／全身・足・尾・耳

●被毛の汚れ

①状態：被毛が汚れている

②原因：下痢などの排泄物により被毛が汚れる

③観察のポイント：

排泄孔の観察──目視することでわかる

マウスのように集団飼育されている場合、動物の被毛に排泄物による汚れがあるときは、ケージ内に下痢をしている動物がいることを疑う。そのような動物で被毛汚れ、立毛の他にうずくまり、削痩、肛門や外陰部の汚れ、水様便が見られた場合、消化器系の異常が推測される。衰弱などにより身繕いが不十分なために起こる場合もあるので全身をすみずみまで観察する。

モルモット以上の大きさで、くしゃみに伴い鼻孔周辺に鼻汁排出などによる汚れがある場合には呼吸器系の異常が推測される。

ウサギは鼻汁排泄が盛んになると前肢で鼻をこするので、その部分に汚れが見られる。

●立毛

①状態：立毛筋の収縮によって毛が立つこと

②原因：立毛は交感神経に支配され体温調節に重要な役割を果たす。動物が寒冷にさらされると立毛反射が起こって立毛し、これによって皮膚面の空気の異動が妨げられ放熱が減少する。

> 立毛は、実験処置による体温低下時にも観察される。

③観察のポイント：

正常な動物の外観を熟知していることが重要

・周囲の動物と比べ被毛が逆立っている

・被毛粗の状態でないか（系統により被毛粗のものあり）

・立毛状態のとき、その他の異常は認められないか？　通常の飼育環境下において、この状態が観察されたときは、交感神経系に何らかの障害があることが疑われる。そのような場合は、自発運動量の増減、呼

吸数などにも異常が見られないかさらに観察する。単なる被毛粗ならば一般的に他の異常は認められない。

●脱毛
①状態：被毛の脱落、無毛状態
②原因：病的に被毛が脱落するもの、または被毛の発育不全が認められるもの（脱毛症）をいう。被毛組織の機能障害が原因となって生じるものと思われ、生理的なもの、または皮膚疾患に起因するもの、あるいは自身でむしりとる状態も考えられる。
C57BL では、系統の特徴として脱毛がしばしば見られる。
③観察のポイント：
正常な動物の外観を熟知していることが重要
　・いわゆる「はげ」
　・脱毛個所の皮膚の状態観察（鏡検も含む）
　・同居動物あるいは飼育室単位での発生頻度の確認
　・白癬菌や外部寄生虫（ダニ）の感染も疑う

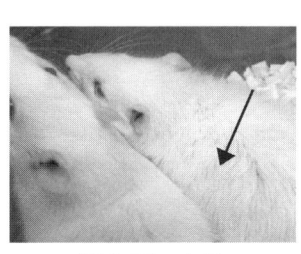

図 3-22　立毛

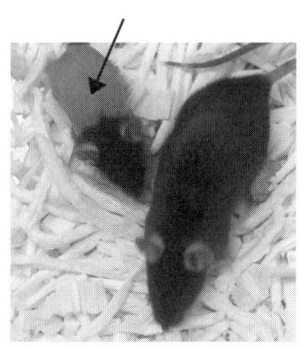

図 3-23　脱毛

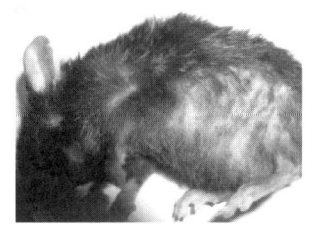

図 3-24　脱毛と痂皮

●外傷

①状態：体の外部から受けた傷。傷が外部だけでなく内部に及ぶものも含む（打撲、内出血など）

②原因：機械的、電気的、放射線、闘争による咬傷。強いストレス、強い痛みを感じているときの自傷行為

③観察のポイント：

皮膚や粘膜に現れたもの（創傷）は目視してわかる。その他は、外傷に伴う行動の変化を観察する。

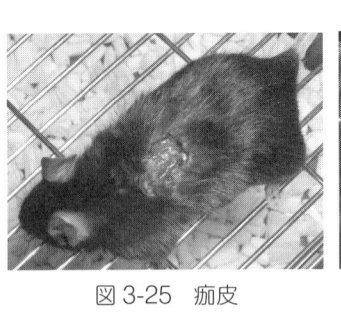

図 3-25　痂皮

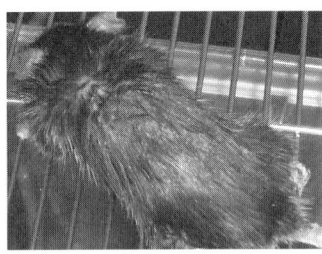

図 3-26　脱毛と痂皮

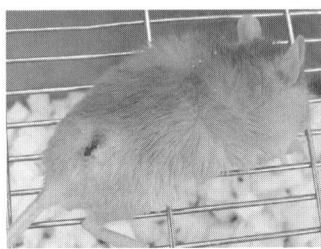

図 3-27　雄の闘争による外傷

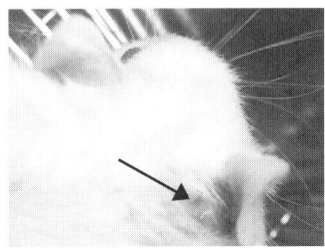

図 3-28　耳後部の外傷

●痂皮
①状態：創傷の後、創傷面の浸出液が乾燥して硬い固形物を形成する。この固形物（かさぶた）のことをいう。
②原因：創傷の治癒過程であり、正常な経過である。
③観察のポイント：創傷後の経過を観察する。皮膚変化を伴うので、目視できる。

●化膿
①状態、原因：
　創傷後、痂皮形成せずに組織が細菌や化学物質の侵襲を受けると局所に壊死と強い好中球の遊走が起こる。浸出好中球が死滅崩壊すると、遊離した蛋白質分解酵素によって壊死組織が融解消化され、膿を形成する。これを化膿という。
②観察のポイント：
　創傷後の経過を見る。皮膚変化を伴うので目視できる。
　ヌードマウスでは、黄色ブドウ球菌の感染で皮下に膿瘍ができる。

●床ずれ
①状態：長時間臥床しているときに、骨の突出した部位の皮膚および軟部組織が骨と病床の間で長時間の圧迫のために循環障害を起こし、壊死となった状態。
　動物では、ウサギなど狭いケージで飼育する場合、長時間同じ姿勢をとっていると体重のかかる足の裏などに床ずれを生じる。ラットの足の裏にも見られる。金網床飼育で多く見られる。

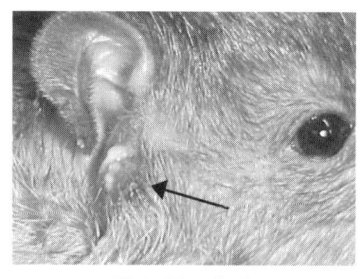

図 3-29　化膿

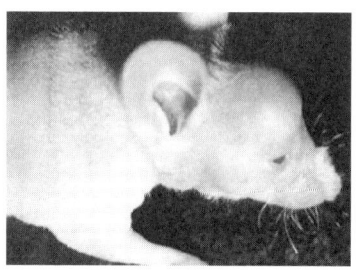

図 3-30　ヌードマウスに見られた頭部の腫瘤（皮下膿瘍）

②観察のポイント：
　床ずれの起きそうな部位を観察、または触診する。
　浮腫性の紅斑浸潤面→水泡形成→壊死→潰瘍となり、潰瘍まで進むと治療が困難になるため、予防または早期発見が大切である。
　床ずれは、浮腫性〜壊死までの過程の総称である。
　ウサギでは、金網スノコを平板を並べたスノコに代えると床ずれが改善できる。

●リングテール
①状態：ラットの尾にくびれができ脱落する。
　低湿度下、金網ケージでラットを飼育すると発生

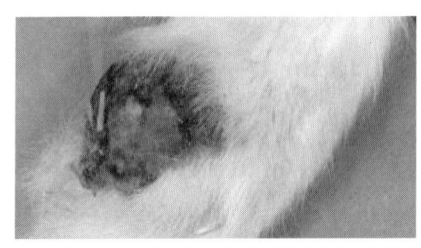 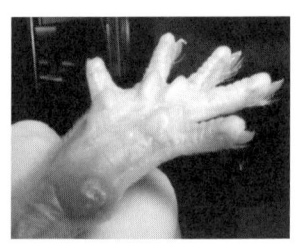

図 3-31　足裏の床ずれ（ウサギ）　　図 3-32　ラット足裏の床ずれ

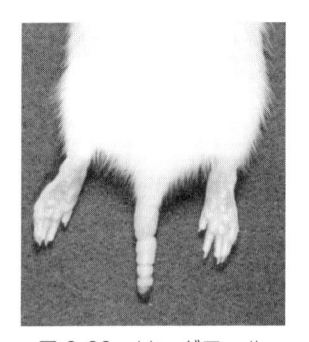

図 3-33　リングテール
写真提供：日本クレア（株）

●曲尾（お曲がり）

①状態：尾がくの字状に曲がること
遺伝的要素（奇形）が原因となること多い。KKマウスなど特殊の系統で多発する。

●四肢脱落

①状態：四肢が脱落。エクトロメリアウイルスによる感染症のときに見られるがこの感染症はわが国ではこれまで発生がないことを念頭に種々の原因を探るべきである。

図3-34　曲尾

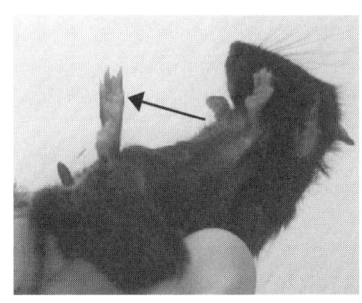 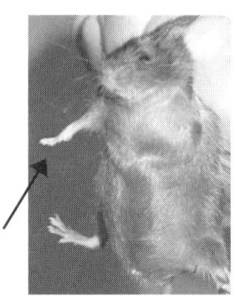

図3-35　指の欠損
飼育管理上の事故や遺伝的にときどき見られる

●関節炎
①状態：
　四肢の関節が腫脹する
　実験的な関節炎モデル
　マイコプラズマ感染の場合

●耳垢
①状態：耳の穴に溜まる垢、耳垢
②原因：皮膚腺が出す脂肪性の分泌物と剥離した上皮などが一緒になって形成される。
③観察のポイント：耳周囲の観察。ウサギの耳疥癬は外から見てわかる。

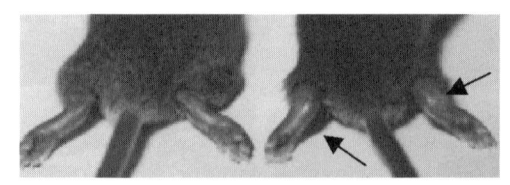

図 3-36　関節の腫張

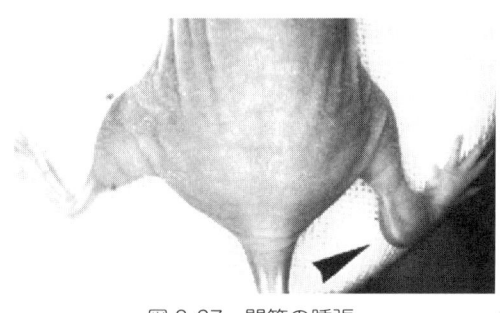
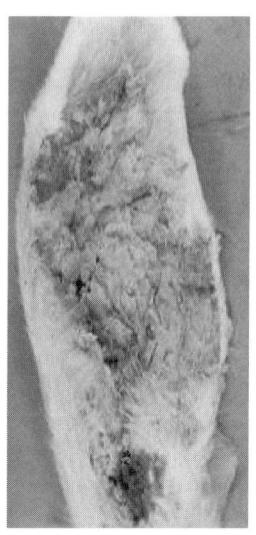

図 3-37　関節の腫張　　図 3-38　耳介癬（ウサギ）
写真提供：ICLAS モニタリングセンター

●腫脹

①状態：体の一部が腫れている状態

②原因：内容が液体の場合と個体の場合がある。

　打ち身などによる浸出液の貯留、感染症による化膿や、リンパ節の腫れ

③観察ポイント：

　体表面の観察

　隆起の有無、その大きさ、大きくなる（小さくなる）速度、硬さ

●頭部の異常形成

　頭蓋骨の形成不全により起こる水頭症

図 3-39　ラットの唾液腺涙腺炎に
　　　　よる下顎の腫れ

写真提供：
ICLAS モニタリングセンター

図 3-40　正常ラット

図 3-41　頭部の異常形成（水頭症）

●腫瘍

①状態：生体の正常細胞に由来し自律的な過剰増殖を示す細胞の集まり。
部分的に膨れて見える。

②原因：
  ・内因…遺伝、体質、年齢、胎生期の未熟な細胞の迷入等
  ・外因…放射線、腫瘍ウイルス（マウス乳癌ウイルス、ニワトリ白血病
     ウイルス他）等
  ・実験による腫瘍接種

③観察のポイント：
  体表面の観察
  隆起の有無、その大きさ、大きくなる速度、硬さ
  一般的な特徴
  ・周囲組織より隆起している
  ・とくに良性腫瘍は周囲組織との境界が明瞭である
  ・腫瘍によっては一見して膿瘍と似ているが、触れると硬く、切っても
   膿汁は出てこない
  ・リンパ腫では全身のリンパ節と脾臓の腫大が見られる
  ・マウス、ラットともに1年齢未満の発生はまれである
  ・硬結（隆起が著しいときは腫瘤という）は見ただけでは判断できない。
   こりこりした物が触れれば腫瘍かもしれないが、判断はできない。体
   表面に出ればそれは腫脹であるが、腫瘍かもしれないし、硬結かもし
   れない。判断には組織診断が必要である。
   普段の観察では"腫張"の原因は、見ただけでは判断できない。動物
   に腫脹を見つけた後の対応に必要な知識を持っておくことが大切。

〈参考〉

$$腫瘍 - \begin{cases} 良性腫瘍 \\ 悪性腫瘍 \begin{cases} 上皮性悪性腫瘍＝癌 \\ 非上皮性悪性腫瘍＝肉腫 \end{cases} \end{cases}$$

自然発生腫瘍　マウス：乳腺腫瘍、肺腫瘍、リンパ腫、白血病、肝癌
       ラット：乳腺、下垂体、副腎、卵巣、精巣、甲状腺

 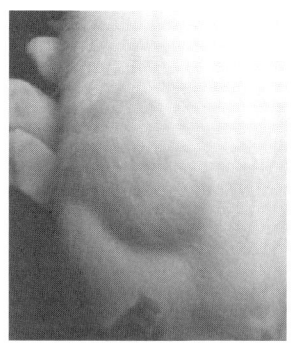

図 3-42　実験による皮下の腫瘍　図 3-43　ラット腹部の腫瘤

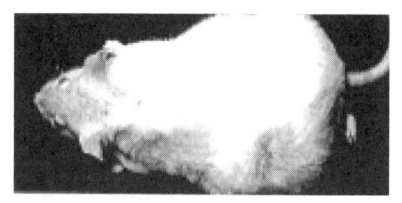

図 3-44　皮下リンパ節の腫張

腫瘍の発生は、個体に負担が多いので、実験腫瘍の場合は腫瘍の大きさが体重の 10％を越えたときを人道的エンドポイントとする。

●浮腫

①状態：局所的または全身的に組織液が増加貯留している状態。これが皮下組織に見られるときとくに浮腫という。

②原因：血管から組織内への水分の流入が、組織から血管への水分の流出を上回ることによる。

③観察のポイント：正常な動物の外観を熟知していることが重要
正常動物と比べて外観上（座っているときの姿、立っているときの姿などいろいろな体位において）明らかに腫れ上がっている状態。さらに上記の原因によりその内容物は液質であるため、触診しなくてはならない。ぷよぷよしていたら浮腫であり、固形物を感じるようであれば腫瘍（腫脹）等を考える。

●糜爛（発疹に含まれる）

①状態：表皮基底層に達する剥離欠損、ただれること

②原因：化学的刺激（消毒薬など）、物理的刺激（闘争、ぶつけた、踏まれた、など）水泡、膿泡に続発する。

図 3-45　全身浮腫　　　　図 3-46　下顎部の糜爛

●潰瘍（発疹に含まれる）

①状態：真皮に及ぶ皮膚、内部臓器の粘膜の欠損

②原因：化学的、物理的、精神的刺激（ストレス）

③観察のポイント：表皮剥離と糜爛。いずれも皮膚上に現れるため、いずれかの区別はつけにくい。

潰瘍が外に現れなくて、内臓に生じた場合は外から観察しただけではわからない。

●黄疸

①状態：皮膚・目の粘膜などが黄色化する状態

②原因：胆汁色素が血液中に蓄積され、その濃度が上昇したため

③観察のポイント：可視粘膜（歯茎、膣壁など）の目視

初期ではわからない。アルビノのラットでは黄疸が著しい場合、体毛も黄色になる。また、ラットくらいの動物だと掌が黄色になるのが観察される。

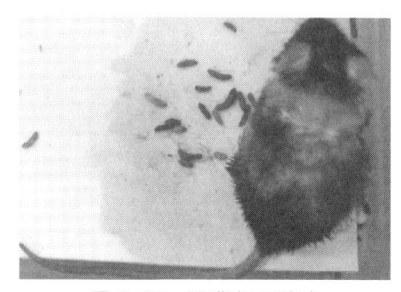

図 3-47　頚背部の潰瘍

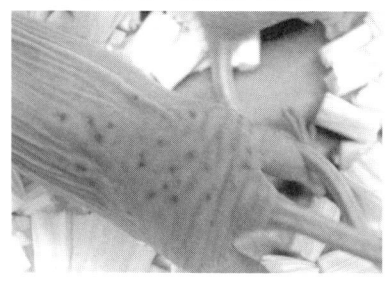

図 3-48　ヌードマウス背部皮膚に発生した潰瘍

●うっ血

①状態：静脈内を血液がうまく流れずとどこおること

②原因：心臓機能障害、静脈の閉塞および狭窄、血管運動神経の変調などによる

③観察ポイント：可視粘膜で確認し、暗紫色（チアノーゼ）の場合はうっ血を疑う。ゴムで指を絞めた状態がうっ血である。動脈から血液が流れてきて静脈からの流出が妨げられて起きる。

●チアノーゼ

①状態：可視粘膜が生理的や病理的な原因で暗紫色となる状態
血圧は変わらない

②原因：呼吸困難、血行障害により、皮膚血管の還元ヘモグロビン量が $5g/dl$ 以上に増えた場合に生じる。肺での O_2 と CO_2 の交換ができずに、血液中の酸素量が減る。

③症状：鼻、四肢、口腔粘膜、目の粘膜、精巣皮膚の変色等

④観察のポイント：通常の状態との違いを判断する
可視粘膜（雄ならばペニスの色も含む）、目、耳、口腔内の色の変化（肛門は難しい）
行動や体位の観察（極度の貧血ならば自発運動量の減少等も起こりうる）

⑤比較：発情期、発情前期の雌ならば腟が充血する。

●体温

四肢、耳介などに触れたとき明らかに通常より冷たく感じる。

通常体温より $5℃$ 体温が低下した場合、人道的エンドポイントの指標

（5）眼・歯

1）眼

●目やに

①状態：目から出る粘液の固まった分泌物（付着物）

②原因：眼球および眼粘膜の損傷、腫瘍、異物、局所の感染による刺激。感染症による内科疾患や尿毒症、栄養失調などにおいても二次感染が起こり観察される。

③観察のポイント：目元の観察

●紅涙

①状態：眼瞼にハーダー氏腺からの赤色の分泌物が付着している状態（紅涙）

②原因：眼球の血管系の障害によって起こると思われる

　・鼻血

　・眼球の血管が怒張することにより赤血球が出てきて涙と混じる（血液成分とイコールではない）

③観察のポイント：目元の観察

　ラットで多い。紅涙自体は異常でないが正常とは言い切れない。

　輸送時のストレスにより搬入時に観察された紅涙は、予備飼育期間に観察されなくなってしまうものもある。

　ラット唾液腺涙腺炎ウイルス感染症の場合、アポクリン腺より赤色の分泌液が出、紅涙のように見える。この場合、顎下腺の腫れを確認する。

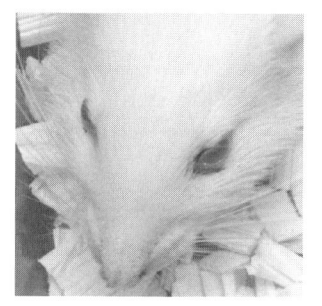

図 3-49　紅涙による眼瞼の汚れ

図 3-50　鼻血による汚れ
写真提供：ICLAS モニタリングセンター

●眼球突出
①状態：眼球が前方に突出している状態
②原因：感染性（眼窩外傷など）、腫瘍性、血管性（眼窩静脈瘤）
　　眼球が大きい、眼窩の左右非対称
　　神経興奮作用を示す薬物を大量に投与した場合
③観察のポイント：
　　眼の観察上、横からみて視線、顔つきの変化を見る
　　正常状態の把握
　　左右を比べる、別の動物と比較する

●眼瞼下垂
①状態：上眼瞼を挙上できない状態
②原因：上眼瞼を挙上する作用のある上眼瞼挙筋の麻痺
③観察のポイント：眼瞼の観察（閉じていたら眼瞼閉鎖）
　　上眼瞼挙筋を支配する交感神経の麻痺他

●眼球白濁
①状態：水晶体が灰白色で全面を覆われた状態
②原因：先天性と後天性に分けられ後者もさらに老年性、糖尿病性、外傷
　　性などに分けられる。
③観察のポイント：
　　眼球の観察
　　行動の観熱
　　視力が低下しているため動物は些細なことに驚きやすくなる。
　　眼球白濁は白内障の一症状である。眼球白濁は異常であるが、どんな実
　　験をするか、実験の精度にどのくらい影響するのかが問題。

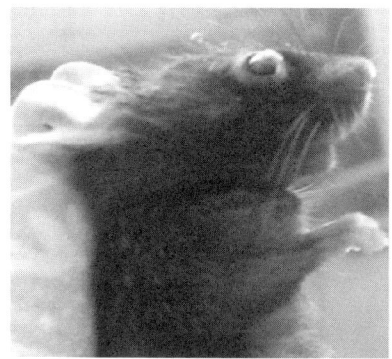

図 3-51　眼球突出

図 3-52　眼瞼下垂

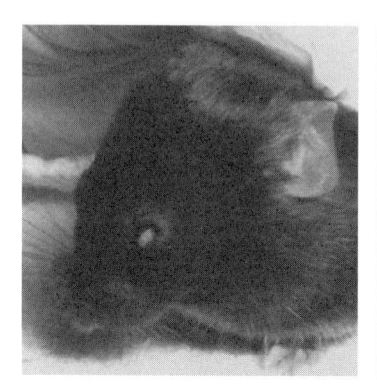

図 3-53　眼球白濁

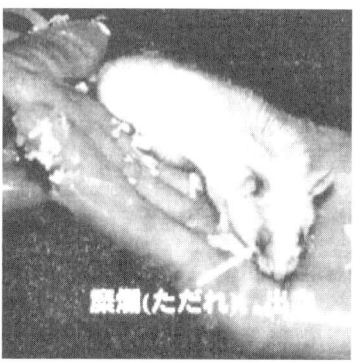

図 3-54　眼瞼の糜爛と出血

2)　歯

●歯の過剰成長（不正咬合）

①状態：歯が異常な状態に成長している

②原因：遺伝的、先天性異常、習癖、外傷等

③観察のポイント：

行動、餌の減り具合、歯の観察

ウサギでは歯が伸びすぎて突き抜けることがある。餌を摂取できないので体重が減少していく。餌の減る量はチェックしにくいので入荷時、離乳時によく観察する。この時点を逃すと動物が死んだ後に気づくことにもなりかねない。見ることができるときに意識してよく見る。

図 3-55　下顎切歯の過剰成長

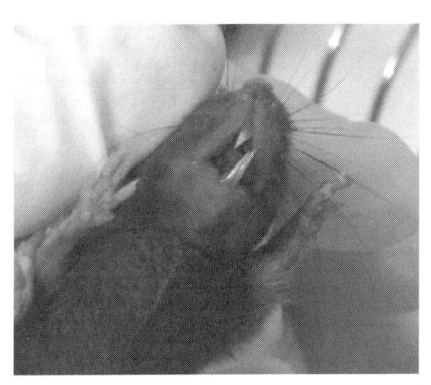

図 3-56　不正咬合による下顎切歯の異常な成長

（6）中枢神経系

神経症状は、動物の苦痛と密接な関連があるので
人道的エンドポイント評価の要点である。

●斜頚
①状態：頭部を片側に傾斜した状態（元に戻しても再び傾斜するものをいう、意識的ではない）
②原因：強い外力による頚筋損傷、病原体などによる三半器官（平衡感覚）の損傷
③観察のポイント：頚部状態、上半身の姿勢の観察（体全体のバランスを見る）

●旋回
緑膿菌感染により、まれに中耳炎を起こしたマウスに旋回運動が見られる。

●振戦
^{しんせん}
ふるえ。全身または一部に起こる不随意で規則的な震えをいう。緊張したときや寒いときには生理的に起こることがある。病的には小脳疾患、内分泌疾患、アルコール中毒症、尿毒症などで見られる。

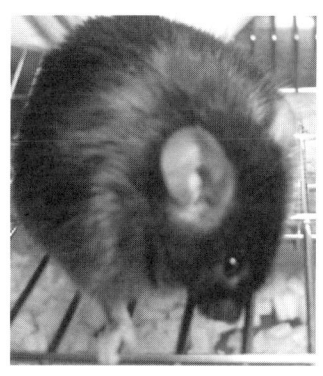

図 3-57　斜頚

●痙攣

運動中枢または運動神経の伝導路に異常な刺激が加わり、全身の筋また
は筋群の発作性収縮が起こる状態をいう。痙攣はその性質により強直性痙
攣と間代性痙攣に区別される。

強直性痙攣：筋とくに伸筋がいっせいに強く持続的に収縮し、四肢を
　　　　　　伸ばし、首、背を後ろにそらす、いわゆる後弓反張を示す。
間代性痙攣：断続的に拮抗筋が交互に収縮する。中枢系の異常、感染症、
　　　　　　中毒、内分泌異常、代謝障害などで起こる。

（7） 呼吸器系

呼吸の状態は人道的エンドポイントの評価の要点である。

●咳 （せき）
①状態：気道の繊毛運動で除去し得ない気道内の異物や分泌液を除去する
　ための防御反応
②観察ポイント：マウス、ラットの場合通常の飼育管理ではほとんど観察
　されない。

●鼻汁
①状態：鼻腔の粘膜から出る液体（気道防御機構に重要な役割をはたして
　いる）、水様性、粘性、膿性、血性などがある
②原因：疾病、鼻腔内刺激（アンモニア等）
③観察のポイント：鼻、鼻周囲の皮毛の観察
　前肢内側の汚れ（汚れがあったら鼻部もよく観察する）
　ラットなどで全身症状が悪くなったときにも見られることがある。ハー
　ダー氏腺からの分泌液が動物の洗顔運動によって鼻の周囲に付着し、乾
　燥したときにも同様の状態が見られるので注意する。

●乾性ラッセル音
①状態：気管支内の分泌液が粘調、塊状となり管壁に膠着し、これが気流
　によって振動する場合に発生する。また、気管支粘膜の腫脹および気管
　支内腔の狭窄時にも発生するグチュグチュ音、キュッキュッ音
②原因：慢性気管支炎、およびその他の慢性肺疾患が原因として考えられる。
　経口投与ミスで湿ったゴロゴロ音がよく観察される。
③観察のポイント：
　強度の乾性ラッセルは胸に手を当てると感ずることがある。

●湿性ラッセル音

①状態：気管支内に希薄な分泌物が存在し、これが呼吸時の気流によって振動する音である。また、分泌中の気泡が破裂し、あるいは分泌で閉ざされた肺胞または小気管支が気流によって急に開く場合に起こる音である。ラッセルは水泡音ともいい、気泡が洩れる音も含む。

●交代性無呼吸（チェーンストーク式呼吸）

①状態：呼吸休止状態と一群の呼吸運動とが交互に現れるような状態

　　一群の呼吸運動＝浅く速い呼吸→深くて速い呼吸

②原因：酸素不足等

　　心臓病、腎臓病、中毒、放血

③観察のポイント：

　　呼吸運動が初めは次第に深くなり、また浅くなって休止状態に入ることが繰り返される。

一般状態の観察では見られず、瀕死時に生じる。
このような呼吸は人道的エンドポイントの評価点である。

●パンティング呼吸（浅速呼吸）、熱喘ぎ

①状態：口腔内や気道から水分蒸発による放熱反応として見られる浅く速い呼吸

②原因：発汗能力が貧弱であり、かつ羽や毛で身体がおおわれている動物（鳥類、イヌ、ネコ）などでは運動時や環境温度の上昇時に浅速呼吸によって換気量を増し、口腔からの体熱の放散を盛んにし、体温調節をする。

③観察のポイント：日頃の観察が重要

　　呼吸数の増加（イヌ、ネコでは毎分300回以上の呼吸頻度）

　　マウス、ラットではあまり見られない。

（8）乳腺

●腫瘍

系統により多発するものがある。

マウス C3H/He…乳癌

雌 SD ラットの長期飼育では 6 か月頃より頻発

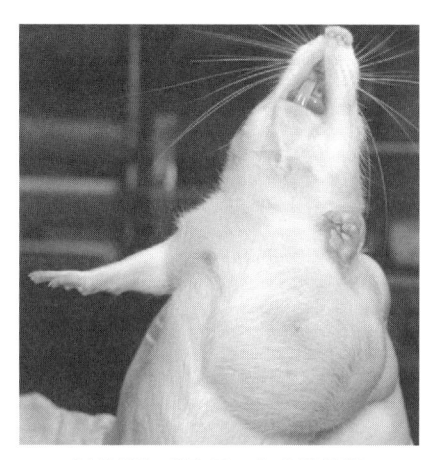

図 3-58　SD ラットの乳腺腫

(9) 泌尿・生殖器系／消化器系

●停滞睾丸

正常なマウス・ラットでは生後4週頃までに下降するが、睾丸が腹腔に残るもの。

●膣口出血

膣からの出血　（妊娠兆候と区別する）

●包皮炎

●脱肛

肛門から直腸が反転脱出した状態。うっ血により脱出部が壊死することもある。

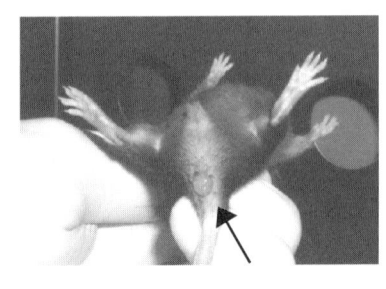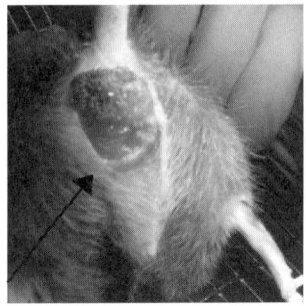

図 3-59　脱肛

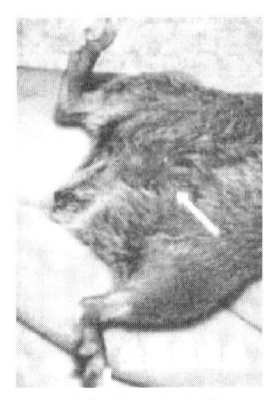

図 3-60　包皮炎

観察時のチェック表

発見日：	発見者：	飼育室：	ラック No.※	段※	ケージ No.：
異常の状態					

※余白に配置図示

試験 No.		個体 No.：	動物種（R/M/G）：	
系統：		ブリーダー名：CRJ・CLEA・SLC・他（　　　　　　　）	入荷日：	
飼育室に移動した日：		週齢偏りの有無（<4w, 5w-, 12m-）	動物購入依頼書 No	
飼育管理担当者：		備考：		
空調・自動給水その他のトラブルの有無・内容： 実験処置の内容（ストレス，薬剤，放射線，異常または死亡の可能性の有無）：				

第 1 判定者： 日付 右のような原因が疑われるので，第 1 処置として以下を実施．（実施番号に○印，複数可）	1. 致死的な病原性を持ち感染力も強い 2. 動物を致死するほどの病原性はないが，感染力が強い 3. 感染性は認められない：外傷，先天性奇形，（　　　　　　　） 4. 環境要因（　　　　　　　） 　　実験処置（　　　　　　　）
1. 使用者への連絡	2. 動物の供与を受けて剖検	3. 血清検査（モニライザ IVA）
4. 入室制限，消毒の指示，動物移動制限	5. 隔離（入室制限，消毒強化，動物移動禁止）	

剖 検 記 録

試験番号：	動物番号：	動物種：	系統：
性別：　♂・♀	入荷日：	週齢：　　週齢	剖検日：
剖検者：	備考：		

外表所見（異常の見られない場合は所見欄に「✓」を記入する）

内部臓器所見（異常の見られない場合は所見欄に「✓」を記入する）	
臓器名	所見・異常の有・無
気管（気管支）	無 □・有 □：
肺	無 □・有 □：
心臓	無 □・有 □：
脾臓	無 □・有 □：
肝臓	無 □・有 □：
腎臓	無 □・有 □：
リンパ節 （頸部、顎下、腸間膜）	無 □・有 □：
腸管	無 □・有 □：
その他	無 □・有 □：

採血の 有無	臓器保存 の有無	写真撮影 の有無	剖検以外の検査（検査項目および検査機関）
有・無	有・無	有・無	

病理担当者：		，　　　年　　月　　□
動物管理責任者	確認	，　　　年　　月　　日
	コメント	

その他：記載されている臓器以外で異常が見られた場合は，臓器名とともに所見を記載する.

剖検，微生物検査チェック表

試験 No. :	個体 No. :	剖検日時 :
剖検者 :	剖検記録書 No. :	病理学的確認者 :

臨床症状および以上の認められた臓器・部位より，（　　　　　　　）系器官での異常が推定できる.

・死亡解剖	・瀕死期解剖

第2処置として以下を実施.（実施番号に○印，複数可）判定者・日付 : ....

1. 異常動物の発生と注意事項を飼育室扉へ表示
2. 入室制限，消毒の指示，動物移動制限
3. 隔離（入室制限，消毒の強化，動物移動禁止）:
4. 交代検査・微生物検査 SOP ／　　／　　　SOP ／　　／

抗体検査 :　自家検査　，ICLAS　　　検査 No.　　　検査日（検査依頼日）

血清診断判定者または検査書確認者・日付 : ....　　.

第3処置として以下を実施.（実施番号と内容に○印，複数可）

1. 異常動物の発生と注意事項を飼育室扉へ表示
2. 入室制限，消毒の指示，動物移動制限／制限解除
3. 隔離（入室制限，消毒の強化，動物移動禁止）／隔離解除

動物飼育管理責任者・日付 : ....　　.

1. 他への影響のある感染症による異常ではないと判断し，異常の処置を解除する.

2. 他への影響のある重大な感染症であるので，実験動物委員会にて，今後の対応について協議する.

備考

動物異常判定チェック表

異常の状態		
発見日：	発見者：	飼育室：
試験 No.：	個体 No.：	ケージ No.：
ラック No.（余白に配置図示）：	段（余白に配置図示）：	
異常の拡散の有無（余白に配置図示）：	週齢の偏りの有無（<4w, 5w-, 12m-)	
動物飼育管理担当者：	動物種（R/M/G)：	系統：
動物購入依頼書 No.：	入荷日：	飼育室移動日：
納入元名：CRJ・CLEA・SLC・他（　　　　　　　　　　　　　　　）		
空調・自動給水その他のトラブルの有無・内容：		
実験処置の内容（ストレス，薬剤，放射線，異常または死亡の可能性の有無）：		

第1判定者：	日付：	1. 致死的な病原性を持ち伝染力も強い
右のような原因が疑われるので，第1処置として以下を実施．（実施番号に○印，複数可）		2. 動物を致死するほどの病原性はないが，感染力が強い
		3. 感染性は認められない：外傷，奇形，（　　　　　　　）
		4. 環境要因（　　　　　　），実験処置（　　　　　　）
1. 使用者への連絡	2. 動物の供与を受けて剖検	3. 血清検査（モニライザIVA)
4. 入室制限，消毒の指示，動物移動制限	5. 隔離（入室制限，消毒の強化，動物移動禁止）	

日付：	剖検者：	剖検記録書 No.：
病理学的所見確認者：	病理学的所見：	
臨床症状および異常の認められた臓器・部位より，（　　　　　）系器官での異常が推定できる．		
備考：		
第2処置として以下を実施（実施番号に○印，複数可）	判定者：	日付：
1. 異常動物の発生と注意事項を飼育室扉へ表示		
2. 入室制限，消毒の指示，動物移動制限		
3. 隔離（入室制限，消毒の強化，動物移動禁止）：		
4. 抗体検査・微生物検査		

抗体検査：　　　　自家検査　．　ICLAS	検査 No.：	検査日（検査依頼日）：
血清診断判定者または検査書確認者：	日付：	
第3処置として以下を実施．（実施番号と内容に○印，複数可）		
1. 異常動物の発生と注意事項を飼育室扉へ表示		
2. 入室制限，消毒の指示，動物移動制限／制限解除		
3. 隔離（入室制限，消毒の強化，動物移動禁止）／隔離解除		
動物飼育管理責任者：	日付：	
1. 他への影響のある感染症による異常ではないと判断し，異常の処置を解除する．		
2. 他への影響のある重大な感染症であるので，実験動物委員会にて協議する．		
備考：		

(10) 第3部参考文献等

①実験動物の微生物モニタリングマニュアル，日本実験動物協会編，アドスリー，2005
②実験動物感染症の対応マニュアル，前島一淑監修，アドスリー，2000
③ Q&A 動物実験の要点—長期動物実験編—，高垣善男、坂口孝、鍵山直子，清至書院，1984
④動物実験の基本，佐藤徳光，西村書店，1992
⑤ L.R.Sona　Assessment of Animal Pain in Experimental Animals；Laboratory Animal Science 37（Special Issue），71-74，1987
⑥毒性試験用語集　http://www.nihs.go.jp/center/yougo/
⑦秋田大学バイオサイエンス教育・研究センター動物実験部門 Web サイト
　　http://www.med.akita-u.ac.jp/~doubutu/IACUC/pain.html

監修者
大和田 一雄（おおわだ かずお）

獣医師。医学博士。山形大学准教授（医学部附属動物実験施設）、（国研）産業技術総合研究所審議役・ライフサイエンス実験管理センターセンター長、（一財）ふくしま医療機器産業推進機構安全性評価部長などを経て、岡山理科大学教授（現職）。（一社）日本実験動物技術者協会理事長（1993～2003）、（公社）日本実験動物協会教育・認定専門委員会委員長（2002～現在）、（公社）日本実験動物学会動物福祉・倫理委員長 （2002～2008、2016～2018）などを歴任。

著　者
笠井 一弘（かさい かずひろ）

1968年　日本獣医畜産大学獣医学科卒業
　　　　ヘキストジャパン（株）入社
1984年　抗生物質開発担当室長
1985年　動物管理室長
1992年　病態生物学研究室長
1994年　医薬研究開発本部実験動物センター所長
1998年　組織変更によりヘキスト・マリオン・ルセル（株）
　　　　業務縮小により会社都合退社
　　　　（株）ジー・エー・シー入社　技術開発部長
2002年　（株）ジー・エー・シー退社
　　　　ノバルティスファーマ（株）入社　筑波総務部マネージャー
2004年　ノバルティスファーマ（株）定年退職
　　　　（有）リジョイス設立　代表取締役として現在に至る
　　　　業務内容：動物実験にかかわるコンサルティングとサポート
2012年　（株）アニマルケア　技術顧問
2015年　（株）アニマルケア　取締役

資格

　獣医師（1968年）、医学博士（1987年）

所属学会、研究会

　日本実験動物学会（1970年～、1997年～1999年評議員）、日本実験動物技術者協会（1990年～）、実験動物コンファレンス（1992年～）、実験動物環境研究会（1996年～）

アニマルマネジメントⅡ　増補改訂版
管理者のための実験動物福祉実践マニュアル

2018 年 7 月 30 日　初版発行

監　修…大和田一雄

著　者…笠井　一弘

発　行…株式会社アドスリー

〒 164-0003　東京都中野区東中野 4-27-37
TEL：03-5925-2840
FAX：03-5925-2913
E-mail：principal @ adthree.com
URL：http://www.adthree.com

発　売…丸善出版株式会社

〒 101-0051　東京都千代田区神田神保町 2-17
神田神保町ビル 6F
TEL：03-3512-3256
FAX：03-3512-3270
URL：http://pub.maruzen.co.jp

印刷製本…日経印刷株式会社

アニマルマネジメント
―動物管理・実験技術と最新ガイドラインの運用―

笠井 一弘 著　大和田 一雄 監修
A5 判・302 頁　定価：本体 2,500 円＋税
ISBN978-4-900659-81-0　C3045

「動物の愛護及び管理に関する法律」それを受けて日本学術会議が作成した「動物実験の適正な実施に関するガイドライン」を踏まえ、マウス・ラットを取り扱う実験動物技術者のため、および動物実験を行う担当者のために「飼育管理」「動物実験の基本的事項」「関連法規」「実験手技」「麻酔法」「安楽死法」などを取り上げ、作業の基本から実験の基本について注意点などをまとめた。

［主要目次］

アニマルマネジメントⅢ
―動物実験体制の円滑な運用に向けてのヒント―

笠井 一弘 著　大和田 一雄 監修
A5 判　180 頁　定価：本体 2,000 円＋税
ISBN978-4-904419-54-0　C3045

『アニマルマネジメント』に記載した「動物実験の適正な実施に関するガイドライン」の解説を、動物実験委員会委員および動物実験実施者の教育訓練の一資料となるように、動物実験体制の円滑な運営の視点から見直した。2010 年代の関連法規等の改正点、および現在の国内外の実験動物福祉に関する動向を反映させた。

［主要目次］